“十二五”普通高等教育本科国家级规划教材

大学计算机基础实践教程
（第4版）——计算思维

A Basic Practice Coursebook for College Computer Science
(4th Edition)——Computational Thinking

■ 甘勇 尚展垒 梁树军 等 编著

人民邮电出版社

北 京

图书在版编目（ＣＩＰ）数据

　　大学计算机基础实践教程：计算思维 / 甘勇等编著
. -- 4版. -- 北京：人民邮电出版社，2015.9（2019.7重印）
　　ISBN 978-7-115-39420-0

　　Ⅰ. ①大… Ⅱ. ①甘… Ⅲ. ①电子计算机－高等学校
－教材 Ⅳ. ①TP3

　　中国版本图书馆CIP数据核字(2015)第149559号

内 容 提 要

　　本书是根据大学计算机课程教学指导委员会提出的《关于进一步加强高校计算机基础教学的意见》要求，同时根据多所普通高校的实际情况编写的。本书是《大学计算机基础（第 4 版）—计算思维》（ISBN：978-7-115-39418-7）配套的实践教程。全书共分两大部分，第一部分为计算机基础知识的实验指导，同时详细讲解了在《大学计算机基础（第 4 版）—计算思维》中提到的 Windows 7 和 MicroSoft Office 2013 的使用方法；第二部分为主教材各章习题的参考答案。

　　本书可作为高校各专业（特别是理工科各专业）"计算机基础教育"课程的实践指导教材，也可作为计算机技术培训用书和计算机爱好者自学用书。

　◆　编　　著　甘　勇　尚展垒　梁树军 等
　　　责任编辑　张孟玮
　　　执行编辑　税梦玲
　　　责任印制　沈　蓉　彭志环
　◆　人民邮电出版社出版发行　　北京市丰台区成寿寺路 11 号
　　　邮编　100164　电子邮件　315@ptpress.com.cn
　　　网址　http://www.ptpress.com.cn
　　　北京九州迅驰传媒文化有限公司印刷
　◆　开本：787×1092　1/16
　　　印张：11.75　　　　　　　　2015 年 9 月第 4 版
　　　字数：307 千字　　　　　　2019 年 7 月北京第 4 次印刷

定价：28.00 元
读者服务热线：(010)81055256　印装质量热线：(010)81055316
反盗版热线：(010)81055315

前言

  计算机及相关技术的发展与应用在当今社会生活中有着极其重要的地位,计算机与人类的生活息息相关,是必不可缺的工作和生活的工具。因此,计算机教育应面向社会,面向潮流,与社会接轨,与时代同行,在强调应用能力的同时注重对计算思维能力的培养。

  大学计算机基础是高等院校非计算机专业的重要基础课程。目前,计算机的教育已提前到了中学,甚至到了小学,使得大学计算机的教育有了新的发展。大学的教育不能再拘泥于简单的操作和应用,而是要向计算机的理论知识、计算思维以及软件设计等方面转换,提升学生理论水平,培养学生思维能力,注重学生软件设计。我们根据"大学计算机课程教学指导委员会"提出的《关于进一步加强高校计算机基础教学的意见》中有关"大学计算机基础"课程教学的要求,联合河南省的几所高等院校,结合本省的实际情况以及各高校学生情况,编写了本书。本书与以往不同的是:把基本操作(如 Windows 和 Office)放在了实践教程中,而在配套的《大学计算机基础(第 4 版)——计算思维》主教材中,只对其进行了简单介绍。本书内容丰富,知识覆盖面广,强调实验操作的内容、方法和步骤。目的在于让学生掌握基本理论的同时,掌握每个章节的知识要点,提高动手操作能力,对知识进行全面的了解和掌握。

  本书内容密切结合了国家教育部关于该课程的基本教学要求,兼顾计算机软件和硬件的最新发展,结构严谨,层次分明。本书大约需 56 学时,具体实验学时请参考实验指导中的"实验学时"。在教学内容上,各高校可根据教学学时、学生的实际情况进行选取。

  本书由甘勇、尚展垒、梁树军等编著。其中,郑州轻工业学院的甘勇任主编,郑州轻工业学院的尚展垒、梁树军,郑州大学的翟萍,郑州轻工业学院的黄敏、刘海燕任副主编。参加本书编写的还有河南财经政法大学的郭清溥、郑州师范学院的贾遂民。本书第一部分各章节编写安排如下:第 1、2 章由尚展垒编写,第 3、4、6 章由梁树军编写,第 5 章由甘勇编写,第 7、9 章由刘海燕编写,第 8 章由翟萍、郭清溥、贾遂民编写,第 10 章由黄敏编写;第二部分由刘海燕编写。尚展垒负责本书的统稿和组织工作。

  在本书的编写和出版过程中得到了郑州轻工业学院、郑州大学、河南财经政法大学、华北水利水电大学、河南工程学院、郑州师范学院、河南省高校计算机教育研究会的大力支持和帮助,在此由衷地向他们表示感谢!

  由于编者水平有限,书中难免有不足和疏漏之处,敬请广大读者批评指正。

编 者

2015 年 4 月

目　录

第一部分
实验指导

第1章 计算机操作基础

本章内容主要讲述计算机各部件的连接以及 Windows 7 的基本操作。通过本章的实验，可使学生对计算机硬件有一定的了解和认识。同时熟练掌握对 Windows 7 的常用操作以及通过控制面板对计算机进行一些必要的软硬件设置。

实验一 计算机硬件的认识与连接

一、实验学时

1 学时。

二、实验目的

◇ 认识微型计算机的基本硬件及组成部件。
◇ 了解计算机系统各个硬件部件的基本功能。
◇ 掌握计算型计算机的硬件连接步骤及安装过程。

三、相关知识

1. 硬件的基本配置

计算机的硬件系统由主机、显示器、键盘、鼠标组成。具有多媒体功能的计算机配有音箱、话筒等。除此之外，计算机还可外接打印机、扫描仪、数码相机等设备。

计算机最主要的部分，如计算机的主板、电源、CPU、内存、硬盘、各种插卡（如显卡、声卡、网卡）等主要部件都安装在机箱中。机箱的前面板上有一些按钮和指示灯，有的还有一些插接口，背面有一些插槽和接口。

2. 硬件连接步骤

首先在主板的对应插槽里安装 CPU、内存条，如图 1.1 所示；然后把主板安装在主机箱内，再安装硬盘、光驱，接着安装显卡、声卡和网卡等；连接机箱内的接线，如图 1.2 所示；最后连接外部设备如显示器、鼠标和键盘等。

（1）安装电源

把电源（如图 1.3 所示）放在机箱内的电源固定架上，使电源上的螺丝孔和机箱上的螺丝孔一一对应，然后拧上螺丝。

图 1-1　计算机主板

图 1-2　计算机主机箱内部

图 1.3　电源

（2）安装 CPU

CPU（如图 1.4 和图 1.5 所示）插槽是一个布满均匀圆形小孔的方形插槽，根据 CPU 的针脚和 CPU 插槽上插孔的位置对应关系确定 CPU 的安装方向。拉起 CPU 插槽边上的拉杆，将 CPU 缺针位置对准 CPU 插槽相应位置，待 CPU 针脚完全放入后，按下拉杆至水平方向，锁紧 CPU。之后涂抹散热硅胶并安装散热器，然后将风扇电源线插头插到主板上的 CPU 风扇插座上。

（3）安装内存

内存（如图 1.6 所示）插槽是长条形的插槽，内存插槽中间有一个用于定位的凸起部分，按照内存插脚上的缺口位置将内存条压入内存插槽，使插槽两端的卡子可完全卡住内存条。

图 1.4　CPU 正面

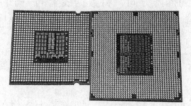
图 1.5　CPU 背面

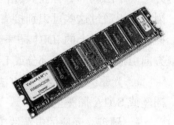
图 1.6　内存

（4）安装主板

首先将机箱自带的金属螺柱拧入主板支撑板的螺丝孔中，将主板放入机箱，注意主板上的固定孔对准拧入的螺柱，主板的接口区对准机箱背板的对应接口孔。边调整位置边依次拧紧螺丝固定主板。

（5）安装光驱、硬盘

拆下机箱前部与要安装光驱位置对应的挡板，将光驱（如图 1.7 所示）从前面板平行推入机箱内部，边调整位置边拧紧螺丝把光驱固定在托架上。使用同样方法从机箱内部将硬盘（如图 1.8 所示）推入并固定于托架上。

（6）安装显卡、声卡和网卡等各种板卡

根据显卡（如图 1.9 所示）、声卡（如图 1.10 所示）和网卡（如

图 1.7　光驱

图 1.11 所示）等板卡的接口（PCI 接口、AGP 接口、PCI-E 接口等）确定不同板卡对应的插槽（PCI 插槽、AGP 插槽、PCI-E 插槽等），取下机箱后部与插槽对应的金属挡片，将相应板卡插脚对准对应插槽，板卡挡板对准机箱后部的挡片孔，用力将板卡压入插槽中并拧紧螺丝将板卡固定在机箱上。

（7）连接机箱内部连线

① 连接主板电源线：把电源上的供电插头（20 芯或 24 芯）插入主板对应的电源插槽中。电

源插头设计有一个防止插反和固定作用的卡扣，连接时，注意保持卡扣和卡座在同一方向上。为了对 CPU 提供更强、更稳定的电压，目前主板会提供一个给 CPU 单独供电的接口（4针、6针或8针），连接时，把电源上的插头插入主板 CPU 附近对应的电源插座上。

图 1.8　硬盘

图 1.9　显卡

图 1.10　声卡

② 连接主板上的数据线和电源线：包括硬盘、光驱等的数据线和电源线。

a. 硬盘数据线（如图 1.12 所示）。根据硬盘接口类型不同，硬盘数据线也分为 PATA 硬盘采用的 80 芯扁平 IDE 数据排线和 SATA 硬盘采用的七芯数据线。由于 80 芯数据线的接头中间设计了一个凸起部分，七芯数据线接头是 L 形防呆盲插接头设计，因此可以通过这些可识别接头的插入方向，将数据线上的一个

图 1.11　网卡

插头插入主板上的 IDE1 插座或 SATA1 插座，将数据线另一端插头插入硬盘的数据接口中，插入方向由插头上的凸起部分或 L 形定位。

b. 光驱的数据线连接方法与硬盘数据线连接方法相同，把数据排线插到主板上的另一个 IDE 插座或 SATA 插座上。

c. 硬盘、光驱的电源线（如图 1.13 所示）。把电源上提供的电源线插头分别插到硬盘和光驱上。电源插头都是防呆设计的，只有从正确的方向才能插入，因此不用害怕插反。

③ 连接主板信号线和控制线，包括 POWER SW（开机信号线）、POWER LED（电源指示灯线）、H.D.D LED（硬盘指示灯线）、RESET SW（复位信号线）、SPEAKER（前置报警喇叭线）等（如图 1.14 所示）。把信号线插头分别插到主板上对应的插针上（一般在主板边沿处，并有相应标示），其中，电源开关线和复位按钮线没有正负极之分；前置报警喇叭线是四针结构，红线为+5V 供电线，与主板上的+5V 接口对应；硬盘指示灯和电源指示灯区分正负极，一般情况下，红色代表正极。

图 1.12　数据线

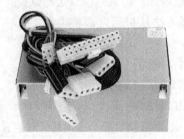

图 1.13　电源线

图 1.14　主板信号线和控制线

（8）连接外部设备

① 连接显示器：如果是 CRT 显示器，把旋转底座固定到显示器底部，然后把视频信号线连

接到主机背部面板（如图 1.15 所示）的 15 针 D 形视频信号插座上（如果是集成显卡主板，该插座在 I/O 接口区；如果采用独立显卡，该插座在显卡挡板上），最后连接显示器电源线。

② 连接键盘和鼠标：鼠标、键盘 PS/2 接口位于机箱背部 I/O 接口区。连接时可根据插头、插槽颜色和图形标示来区分，紫色为键盘接口，绿色为鼠标接口。对于 USB 接口的鼠标，插到任意一个 USB 接口上即可。

图 1.15　主机背部面板

③ 连接音箱/耳机：独立声卡或集成声卡通常有 LINE IN（线路输入）、MIC IN（麦克风输入）、SPEAKER OUT（扬声器输出）、LINE OUT（线路输出）等插孔。若外接有源音箱，可将其接到 LINE OUT 插孔，否则接到 SPEAKER OUT 插孔。耳机可接到 SPEAKER OUT 插孔或 LINE OUT 插孔。

以上步骤完成后，计算机系统的硬件部分就基本安装完毕了。

四、实验要求

观察 PC 的组成；掌握主板各部件的名称、功能等，了解主板上常用接口的功能、外观形状、颜色、插针数和防插反措施；熟悉常用外部设备的连接方法，注意区分不同设备的接口颜色和形状。

实验二　Windows 7 的基本操作

一、实验学时

2 学时。

二、实验目的

❖ 认识 Windows 7 桌面及其组成。
❖ 掌握鼠标的操作及使用方法。
❖ 熟练掌握任务栏和"开始"菜单的基本操作、Windows 7 窗口操作、管理文件和文件夹的方法。
❖ 掌握 Windows 7 中新一代文件管理系统——库的使用。
❖ 掌握启动应用程序的常用方法。
❖ 掌握中文输入法以及系统日期/时间的设置方法。
❖ 掌握 Windows 7 中附件的使用。

三、相关知识

1. Windows 7 桌面

"桌面"就是用户启动计算机登录到系统后看到的整个屏幕界面，如图 1.16 所示，它是用户和计算机进行交流的窗口，可以放置经常用到的应用程序和文件夹图标，用户可以根据自己的需要在桌面上添加各种快捷图标，在使用时双击图标就能够快速启动相应的程序或文件。以 Windows 7 桌面为起点，用户可以有效地管理自己的计算机。

图 1.16　Window 7 桌面

第一次启动 Windows 7 时，桌面上只有"回收站"图标，大家在 Windows XP 中熟悉的"我的电脑""Internet Explorer""我的文档""网上邻居"等图标被整理到了"开始"菜单中。桌面最下方的小长条是 Windows 7 系统的任务栏，它显示系统正在运行的程序和当前时间等内容，用户也可以对它进行一系列的设置。"任务栏"的左端是"开始"按钮，右边是语言栏、工具栏、通知区域和时钟区等，最右端的小方框是显示桌面按钮，中间是应用程序按钮分布区，如图 1.17 所示。

图 1.17　Window 7 任务栏

单击任务栏中的"开始"按钮可以打开"开始"菜单，"开始"菜单左边是常用程序的快捷列表，右边为系统工具和文件管理工具列表。在 Windows 7 中取消了 Windows XP 中的快速启动栏，用户可以直接通过鼠标拖曳把程序附加在任务栏上快速启动。应用程序按钮分布区表明当前运行的程序和打开的窗口；语言栏便于用户快速选择各种语言输入法，语言栏可以最小化在任务栏显示，也可以使其还原，独立于任务栏之外；工具栏显示用户添加到任务栏上的工具，如地址、链接等。

2. 驱动器、文件和文件夹

驱动器是通过某个文件系统格式化并带有一个标识名的存储区域。存储区域可以是可移动磁盘、光盘、硬盘等，驱动器的名字是用单个英文字母表示的，当有多个硬盘或将一个硬盘划分成多个分区时，通常按字母顺序依次标识为 C：、D：、E：等。

文件是有名称的一组相关信息的集合，程序和数据都是以文件的形式存放在计算机的硬盘中的。每个文件都有一个文件名，文件名由主文件名和扩展名两部分组成，操作系统通过文件名对文件进行存取。文件夹是文件分类存储的"抽屉"，它可以分门别类地管理文件。文件夹在显示时，也用图标显示，包含不同内容的文件夹，在显示时的图标是不太一样的。Windows 7 中的文件、文件夹的组织结构是树形结构，即一个文件夹中可以包含多个文件和文件夹，但一个文件或文件夹只能属于某一个文件夹。

3. 资源管理器

资源管理器是 Windows 系统提供的资源管理工具，可以用它查看本台计算机的所有资源，特别是它提供的树形的文件系统结构，能更清楚、更直观地查看和使用文件和文件夹。资源管理器主要由地址栏、搜索栏、工具栏、导航窗格、资源管理窗格、预览窗格以及细节窗格 7 部分组成，如图 1.18 所示。导航窗格能够辅助用户在磁盘、库中切换。预览窗格是 Windows 7 中的一项改进，它在默认情况下不显示，可以通过单击工具栏右端的"显示/隐藏预览窗格"按钮来显示或隐藏预览窗格。资源管理窗格是用户进行操作的主要场所，用户可进行选择、打开、复制、移动、创建、删除、重命名等操作。同时，根据显示的内容，在资源管理窗格的上部会显示相关操作。

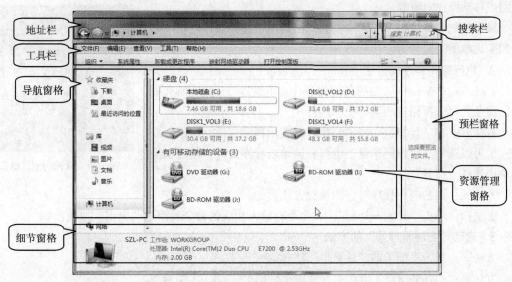

图 1.18　资源管理器

四、实验范例

1. Windows 7 环境下的鼠标基本操作

（1）指向：移动鼠标，将鼠标指针移到操作对象上，通常会激活对象或显示该对象的有关提示信息。

操作：将鼠标移向桌面上的"计算机"图标，如图 1.19 所示。

（2）单击左键：快速按下并释放鼠标左键，用于选定操作对象。

操作：在"计算机"图标上单击鼠标左键，选中"计算机"，如图 1.20 所示。

（3）单击右键：快速按下并释放鼠标右键，用于打开相关的快捷菜单。

操作：在"计算机"图标上单击鼠标右键，弹出快捷菜单，如图 1.21 所示。

图 1.19　鼠标的指向操作　　　图 1.20　单击鼠标左键操作　　　图 1.21　单击鼠标右键操作

（4）双击：连续两次快速单击鼠标左键，用于打开窗口或启动应用程序。

操作：在"计算机"图标上双击鼠标，观察操作系统的响应。

（5）拖曳：鼠标指向操作对象后按下左键不松，然后移动鼠标到指定位置再释放按键，用于复制或移动操作对象等。

操作：把"计算机"图标拖曳到桌面其他位置，操作过程中图标的变化如图 1.22 所示。

2. 执行应用程序的方法

方法一：对 Windows 自带的应用程序，可通过"开始→所有程序"命令，再选择相应的菜单项来执行。

方法二：在"计算机"找到要执行的应用程序文件，用鼠标双击（也可以选中之后按回车键；也可右键单击程序文件，然后快捷菜单中选择"打开"）。

图 1.22　鼠标的拖曳操作

方法三：双击应用程序对应的快捷方式图标。

方法四：单击"开始→运行"，在命令行输入相应的命令后单击"确定"按钮。

3. 启动"资源管理器"的方法

方法一：双击桌面上的"计算机"图标。

方法二：<Windows>（键盘上有视窗图标的键）+【E】组合键。

方法三：右键单击"开始"按钮，选择"打开 Windows 资源管理器"。

方法四：双击桌面上的"网络"图标。如果在桌面上没有"网络"图标，可以在桌面空白处单击鼠标右键，选择右键弹出菜单中的"个性化"菜单项，在之后显示的窗口中选择"更改桌面图标"项，此时会显示出"桌面图标设置"对话框，选中该对话框中的"网络"复选框后单击"确定"按钮即可将"网络"图标添加到桌面上。

4. 多个文件或文件夹的选取

（1）选择单个文件或文件夹：鼠标单击相应的文件或文件夹图标。

（2）选择连续多个文件或文件夹：鼠标单击第 1 个要选定的文件或文件夹，然后按住【Shift】键的同时单击最后 1 个，则它们之间的文件或文件夹就被选中了。

（3）选择不连续的多个文件或文件夹：鼠标单击第 1 个要选定的文件或文件夹，然后按住【Ctrl】键不放，同时用鼠标单击其他待选定的文件或文件夹。

5. Windows 窗口的基本操作

（1）窗口的最小化、最大化、关闭

打开"资源管理器"窗口，单击窗口右上角的"最小化"按钮 ▭ ，则"资源管理器"窗口即最小化为任务栏上的一个图标。

打开"资源管理器"窗口，单击窗口右上角的"最大化"按钮 ▢ ，则"资源管理器"窗口最大化占满整个桌面；此时"最大化"按钮变为"还原"按钮 ▣ 。

打开"资源管理器"窗口，单击窗口右上角的"关闭"按钮 ✕ ，则"资源管理器"窗口被关闭。

（2）排列与切换窗口

① 双击桌面上"计算机"和"回收站"图标，在桌面上同时打开这两个窗口。

② 右击任务栏空白区域，打开任务栏快捷菜单。

③ 选择任务栏快捷菜单中的"层叠窗口"命令，可将所有打开的窗口层叠在一起，如图 1.23 所示，单击某个窗口的标题栏，可将该窗口显示在其他窗口之上。

④ 单击任务栏快捷菜单上的"堆叠显示窗口"命令，可在屏幕上横向平铺所有打开的窗口，可以同时看到所有窗口中的内容，如图 1.24 所示，用户可以很方便地在两个窗口之间进行复制和移动文件的操作。

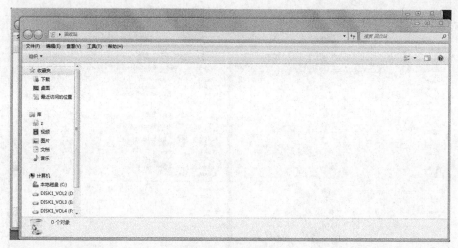

图 1.23 层叠窗口

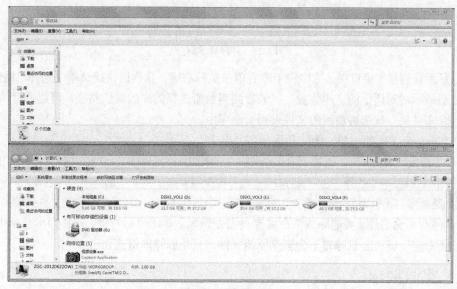

图 1.24 堆叠显示窗口

⑤ 单击任务栏快捷菜单上的"并排显示窗口"命令，可在屏幕上并排显示所有打开的窗口，如果打开的窗口多于两个，将以多排显示，如图 1.25 所示。

⑥ 切换窗口。按住【Alt】键然后再按下【Tab】键，屏幕会弹出一个任务框，框中排列着当前打开的各窗口的图标，按住【Alt】键的同时每按一次【Tab】键，就会顺序选中一个窗口图标。选中所需窗口图标后，释放【Alt】键，相应窗口即被激活为当前窗口。

6. 库的使用

库是 Windows 7 系统最大的亮点之一，它彻底改变了我们的文件管理方式，从死板的文件夹方式变得更为灵活和方便。库可以集中管理视频、文档、音乐、图片和其他文件。在某些方面，库类似传统的文件夹，但与文件夹不同的是，库可以收集存储在任意位置的文件。

（1）Windows 7 库的组成

Windows 7 系统默认包含视频、图片、文档和音乐 4 个库。当然，用户也可以创建新库。要创建新库，先要打开"资源管理器"窗口，然后单击导航窗格中的"库"，选择工具栏中的"文件→新建→库"按钮后直接输入库名称即可。

图1.25　并排显示窗口

在"资源管理器"窗口中，选中一个库后单击鼠标右键，在弹出快捷菜单中选择"属性"项，即可在之后显示的对话框的"库位置"区域看到当前所选择的库的默认路径。可以通过该对话框中的"包含文件夹"按钮添加新的文件夹到所选库中。

（2）Windows 7库的添加、删除和重命名

① 添加指定内容到库中。要将某个文件夹的内容添加到指定库中，只需在目标文件夹上单击鼠标右键，在弹出快捷菜单中选择"包含到库中"，之后根据需要在子菜单中选择一个库名即可。通过子菜单中的"创建新库"项可以将所选文件夹内容添加至一个新建的库中，新库的名称与文件夹的名称相同。

② 删除与重命名库。要删除或重命名库只需在该库上单击鼠标右键，选择弹出菜单中的"删除"或"重命名"即可。删除库不会删除原始文件，只是删除库链接而已。

五、实验要求

按照实验步骤完成实验，观察设置效果后，将各项设置恢复到原来的设置。

任务一　认识 Windows 7

1. 启动 Windows 7

（1）打开外设电源开关，如显示器。

（2）打开主机电源开关。

（3）计算机开始进行自检，然后引导 Windows 7 操作系统。若设置登录密码，则引导 Winodws 7 后，会出现登录验证界面；单击用户账号出现密码输入框，输入正确的密码后按回车键可正常启动进入 Windows 7 系统；若没有设置登录密码，系统会自动进入 Windows 7 系统。

在系统启动的过程中，若计算机安装有管理软件（如机房管理软件），则还要输入相应的用户名和密码。

2. 重新启动或关闭计算机

单击"开始"按钮，选择"关机"菜单项，就可以直接将计算机关闭。单击该菜单项右侧的

箭头按钮图标 ▷ ，则会出现相应的子菜单，其中默认包含以下 5 个选项。

（1）切换用户。当存在两个或以上用户的时候可通过此按钮进行多用户的切换操作。

（2）注销。用来注销当前用户，以备下一个人使用或防止数据被其他人操作。

（3）锁定。锁定当前用户。锁定后需要重新输入密码进行认证才能正常使用。

（4）重新启动。当用户需要重新启动计算机时，应选择"重新启动"。系统将结束当前的所有会话，关闭 Windows，然后自动重新启动系统。

（5）睡眠。当用户短时间不用计算机又不希望别人以自己的身份使用计算机时，应选择此命令。系统将保持当前的状态并进入低耗电状态。

任务二　自定义 Windows 7

1. 自定义"开始"菜单

请按以下步骤对"开始"菜单进行设置。

（1）右键单击"开始"按钮，在弹出的快捷菜单中单击"属性"命令，打开"任务栏和「开始」菜单属性"对话框，如图 1.26 所示。

（2）单击"自定义"按钮，打开"自定义「开始」菜单"对话框。

（3）选中"控制面板"中的"显示为菜单"单选按钮，如图 1.27 所示，依次单击"确定"按钮。返回桌面，打开"开始"菜单并观察其变化，特别是"开始"菜单中"控制面板"菜单项的变化。

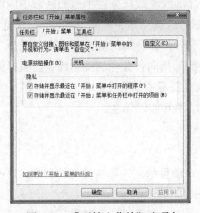
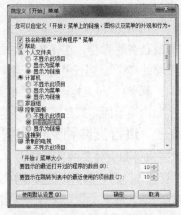

图 1.26　"「开始」菜单"选项卡　　　　图 1.27　"自定义「开始」菜单"对话框

（4）再次打开图 1.27 所示对话框，选中该对话框中滚动条区域底部的"最近使用的项目"复选框。

（5）依次单击"确定"按钮。返回桌面，打开"开始"菜单，会发现在"开始"菜单中新增了一个"最近使用的项目"菜单项。

2. 自定义任务栏中的工具栏

请按以下步骤对工具栏进行设置。

（1）在任务栏空白处单击鼠标右键，弹出快捷菜单。

（2）把鼠标移到快捷菜单中的"工具栏"菜单项，此时显示出"工具栏"子菜单，如图 1.28 所示。

（3）选中"工具栏"子菜单中的"地址"项后，观察任务栏的变化。

3. 自定义任务栏外观

请按以下步骤对任务栏进行设置。

（1）在任务栏空白处单击鼠标右键，在弹出的快捷菜单中单击"属性"命令，打开"任务栏和「开始」菜单属性"对话框的"任务栏"选项卡，如图 1.29 所示。

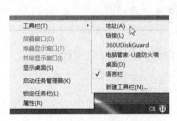

图 1.28　任务栏右键快捷菜单　　　　　　图 1.29　"任务栏"选项卡

（2）在"任务栏外观"区域中，分别有"锁定任务栏""自动隐藏任务栏""使用小图标"3个复选框，更改各个复选框的状态后，单击"确定"按钮返回到桌面，观察框任务栏的变化。

（3）通过"任务栏外观"区域下方的"屏幕上的任务栏位置"下拉列表中的选项可以更改任务栏在桌面上的位置，如上、下、左或右；通过"任务栏按钮"下拉列表中的选项可以设置任务栏上所显示的窗口图标是否合并以及何时合并等。

（4）通过"通知区域"中的"自定义"按钮可以显示或隐藏任务栏中通知区域中的图标和通知。通过"使用 Aero Peek 预览桌面"区域中的复选框可以选择是否使用 Aero Peek 预览桌面。

（5）更改任务栏大小，在任务栏空白处单击鼠标右键，在弹出的快捷菜单中勾选掉"锁定任务栏"选项前的"√"。当任务栏位于窗口底部时，将鼠标指向任务栏的上边缘，当鼠标的指针变为双向箭头"┃"时，向上拖动任务栏的上边缘即可改变任务栏的大小。

以上实验内容请同学们自己上机逐步操作、观察结果并加以体会。

任务三　进行文件和文件夹管理

1. 改变文件和文件夹的显示方式

"资源管理器"窗口的资源管理窗格中显示当前选定项目的文件和文件夹的列表，可改变它们的显示方式。请按以下步骤对文件和文件夹的显示方式进行设置。

（1）在"资源管理器"窗口中单击"查看"菜单，依次选择"超大图标""大图标""列表""详细信息""平铺"等项，观察资源管理窗格中文件和文件夹显示方式的变化。

（2）单击"查看"菜单中的"分组依据"菜单项，通过之后显示的子菜单项可以将资源管理窗格中的文件和文件夹进行分组，如图 1.30 所示。依次选择该子菜单中的项，观察资源管理窗格中文件和文件夹显示方式的变化。

（3）单击"查看"菜单中的"排序方式"菜单项，通过之后显示的子菜单项可以将资源管理窗格中的文件和文件夹进行排序显示，如图 1.31 所示。依次选择该子菜单中的项，观察资源管理窗格中文件和文件夹显示方式的变化。

图 1.30　"分组依据"子菜单　　　　　　图 1.31　"排序方式"子菜单

（4）单击"工具"菜单中的"文件夹选项"，打开"文件夹选项"对话框。改变"浏览文件夹"和"打开项目的方式"中的选项，单击"确定"按钮，之后试着打开不同的文件夹和文件，观察显示方式及打开方式的变化。

（5）打开"文件夹选项"对话框，选择"查看"选项卡，选中"隐藏已知文件类型的扩展名"复选框，如图 1.32 所示，单击"确定"按钮，观察文件显示方式的变化。

图 1.32　"文件夹选项"对话框
"查看"选项卡

2. 创建文件夹和文件

在 E 盘创建新文件夹以及为文件夹创建新文件的步骤如下。

（1）打开"资源管理器"窗口。

（2）选择创建新文件夹的位置。在导航窗格中单击 E 盘图标，资源管理窗格中显示 E 盘根目录下的所有文件和文件夹。

（3）创建新文件夹有以下多种方法。

方法一：在资源管理窗格空白处，单击鼠标右键，弹出快捷菜单，在快捷菜单中选择"新建→文件夹"命令，然后输入文件夹名称"My Folder1"，按回车键完成。

方法二：选择菜单"文件→新建→文件夹"命令，然后输入文件夹名称"My Folder1"，按回车键完成。

（4）双击新建好的"My Folder1"文件夹，打开该文件夹窗口，在资源管理窗格空白处单击鼠标右键，弹出快捷菜单，在快捷菜单中选择"新建→文本文档"命令，然后输入文件名称"My File1"，按回车键完成。

（5）使用同样方法在 E 盘根目录下创建"My Folder2"文件夹，并在"My Folder2"文件夹下创建文本文件"My File2"。

3. 复制和移动文件和文件夹

按以下步骤操作练习文件的复制、粘贴等。

（1）打开"资源管理器"窗口。

（2）找到并进入"My Folder2"文件夹，选中"My File2"文件。

（3）选择菜单"编辑→复制"命令或按【Ctrl】+【C】组合键或单击鼠标右键在快捷菜单中选择"复制"，此时，"My File2"文件被复制到剪贴板。

（4）进入"My Folder1"文件夹。

（5）选择菜单"编辑→粘贴"命令或按【Ctrl】+【V】组合键或单击鼠标右键在快捷菜单中选择"粘贴"，此时，"My File2"文件被复制到目的文件夹"My Folder1"。

移动文件的步骤与复制基本相同，只需将第（3）步中的"复制"命令改为"剪切"或将【Ctrl】+【C】组合键改为【Ctrl】+【X】组合键。

4. 重命名、删除文件和文件夹

请按以下步骤操作练习文件的删除和重命名。

（1）打开"资源管理器"，找到并进入"My Folder1"文件夹，选中"My File2"文件。

（2）选择菜单"文件→重命名"命令或单击鼠标右键在快捷菜单中选择"重命名"，输入"My File3"后按回车键结束。

（3）选择"My File3"文件，单击菜单"文件→删除"命令或直接在键盘上按【Del】/【Delete】键，在弹出的"删除文件"对话框中，单击"是"按钮即可删除所选文件。

这种文件删除方法只是把要删除的文件转移到了"回收站"，如果需要真正删除该文件，可在执行删除操作的同时按下【Shift】键。

（4）双击桌面上的"回收站"图标，在"回收站"窗口中选中刚才被删除的文件，单击工具栏中的"还原此项目"按钮，该文件即可被还原到原来的位置。

（5）在"回收站"窗口中选择工具栏中的"清空回收站"按钮，对话框确认删除后回收站中所有的文件均被彻底删除，无法再还原。

文件夹的操作与文件的操作基本相同，只是文件夹在复制、移动、删除的过程中，文件夹中所包含的所有子文件以及子文件夹都将进行相同的操作。

任务四　运行 Windows 7 桌面小工具

1. 打开 Windows 7 桌面小工具

单击"开始→所有程序→桌面小工具库"，即可打开桌面小工具，如图1.33所示。

在窗口中间显示的是系统提供的小工具，每选中一个小工具，窗口下部会显示该工具的相关信息；如果不显示，单击窗口左下角的"显示详细信息"即可。通过窗口右下角的"联机获取更多小工具"可以连接到互联网上下载更多的小工具。

图 1.33　Windows 7 桌面小工具

2. 添加小工具到桌面

如果要将小工具"百度 搜索"添加到桌面，只需在图1.33所示窗口中选中"百度 搜索"后单击鼠标右键，选择弹出菜单中的"添加"即可。添加成功后该小工具显示在桌面右上角，并且通过其右侧的工具条可以对其进行"关闭""较大尺寸/较小尺寸"和"拖曳"操作。

任务五　运行 Windows 7 "画图"应用程序

单击"开始→所有程序→附件→画图"命令，即运行画图程序，如图1.34所示。

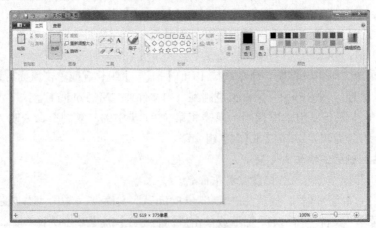

图 1.34　"画图"窗口

在"主页"选项卡中显示出的是主要的绘图工具，包含剪贴板、图像、工具、形状、粗细和颜色功能模块，提供给用户对图片进行编辑和绘制的功能。请同学们依次练习绘图工具的使用，注意在画形状时形状轮廓以及形状填充的使用。

任务六　添加和删除输入法

请按以下步骤操作，为系统添加"简体中文全拼"输入法并删除"简体中文郑码"输入法（如果已安装）。

（1）右键单击任务栏上的语言栏，弹出语言栏快捷菜单，如图 1.35 所示。

（2）选择"设置"命令，出现"文本服务和输入语言"对话框，如图 1.36 所示。

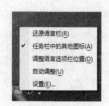

图 1.35　语言栏右键快捷菜单　　　　　　图 1.36　"文本服务和输入语言"对话框

（3）单击"添加"按钮，弹出"添加输入语言"对话框，选中列表框中的"简体中文全拼"复选框，依次单击"确定"按钮使设置生效。

（4）单击任务栏中的语言栏图标，可看到新添加的"简体中文全拼"输入法。

（5）再次打开图 1.36 所示的"文本服务和输入语言"对话框，选择"已安装的服务"中的"简体中文郑码"，单击"删除"按钮即可将该输入法删除。

任务七　更改系统日期、时间及时区

按以下步骤操作，将系统日期设为"2010 年 6 月 30 日"，系统时间设为"10:20:30"，时区设为"吉隆坡，新加坡"。

（1）右键单击任务栏最右侧的时间，选择弹出菜单中的"调整日期/时间"项，弹出"日期和时间"对话框。

（2）单击"更改日期和时间"按钮，弹出"日期和时间设置"对话框，依次更改年份为"2010"，月份为"六月"，日期为"30"，时间为"10:20:30"，依次单击"确定"按钮关闭对话框。

（3）观察任务栏右侧的显示时间，已经发生改变。

（4）再次打开"日期和时间"对话框，单击"更改时区"按钮，弹出"时区设置"对话框，在"时区"下拉列表中选择"（UTC+08:00）吉隆坡，新加坡"，依次单击"确定"按钮使设置生效。

实验三　Windows 7 的高级操作

一、实验学时

2 学时。

二、实验目的

✧ 掌握控制面板的使用方法。

✧ 掌握 Windows 7 中外观和个性化设置的基本方法。

✧ 掌握用户账户管理的基本方法。

✧ 掌握打印机的安装及设置方法。

✧ 掌握 Windows 7 系统通过进行磁盘清理和碎片整理来优化和维护系统的方法。

三、相关知识

1. 控制面板

控制面板（Control Panel）集中了用来配置系统的全部应用程序，它允许用户查看并进行计算机系统软、硬件的设置和控制，因此，对系统环境进行调整和设置的时候，一般都要通过"控制面板"进行，如添加硬件、添加/删除软件、控制用户账户、设置外观和个性化等。Windows 7 提供了类别视图和图标视图两种控制面板界面，其中，图标视图有两种显示方式：大图标和小图标。"分类视图"允许打开父项并对各个子项进行设置，如图 1.37 所示。在"图标视图"中能够更直观地看到计算机可以采用的各种设置，如图 1.38 所示。

图 1.37　控制面板"分类视图"界面

图 1.38　控制面板"图标视图"界面

2. 账户管理

Windows 7 支持多用户管理，多个用户可以共享一台计算机，并且可以为每一个用户创建一个用户账户以及为每个用户配置独立的用户文件，从而使得每个用户登录计算机时，都可以进行个性化的环境设置。在控制面板中，单击"用户账户和家庭安全"，打开相应的窗口，可以实现用户账户、家长控制等管理功能。在"用户账户"中，可以更改前当账户的密码和图片、管理其他账户，也可以添加或删除用户账户。在"家长控制"中，可以为指定标准类型账户实施家长控制，主要包括时间控制、游戏控制和程序控制。在使用该功能时，必须为计算机管理员账户设置密码保护，否则一切设置将形同虚设。

3. 磁盘管理

磁盘管理是一项计算机使用时的常规任务，它以一组磁盘管理应用程序的形式提供给用户，包括查错程序、磁盘碎片整理程序、磁盘清理程序等。在 Windows 7 中没有提供一个单独的应用程序来管理磁盘，而是将磁盘管理集成到"计算机管理"中。通过单击桌面的"计算机"图标，在弹出的快捷菜单中单击"管理"即可打开"计算机管理"窗口，选择"存储"中的"磁盘管理"，将打开"磁盘管理"功能。利用磁盘管理工具可以一目了然地列出所有磁盘情况，并对各个磁盘分区进行管理操作。

四、实验范例

1. 设置控制面板视图方式

在 Windows 7 中控制面板的图标可以以分类视图或图标视图两种方式查看。单击"开始→控制面板"，打开"控制面板"窗口。通过窗口"查看方式"旁边的下拉列表选项可以在类别视图、大图标视图和小图标视图之间进行切换。

2. 外观和个性化设置

以分类视图为例，按以下步骤对 Windows 系统进行外观及个性化设置。

（1）在"控制面板"窗口中单击"外观和个性化"，显示"外观和个性化"设置窗口。

（2）单击"个性化"中的"更改主题"，在之后显示的主题列表中选择不同的主题后观察桌面以及窗口等的变化。

（3）单击"个性化"中的"更改桌面背景"，在之后显示的图片列表中选择一张图片，并在"图片位置"下拉列表中选择"居中"后单击"保存修改"按钮，观察桌面的变化。

（4）单击"个性化"中的"更改屏幕保护程序"，弹出"屏幕保护程序设置"对话框，如图 1.39 所示。选择"屏幕保护程序"区域下拉列表中的"三维文字"后，单击"设置"按钮，弹出"三维文字设置"对话框，如图 1.40 所示。在"自定义文字"栏输入"欢迎使用 Windows 7"，

图 1.39　"屏幕保护程序设置"对话框

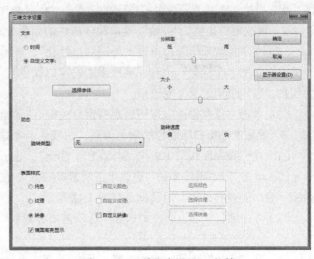

图 1.40　"三维文字设置"对话框

设置旋转类型为"摇摆式"，单击"确定"按钮返回到"屏幕保护程序设置"对话框时即可在预览区看到屏保效果，若要全屏预览，单击"预览"按钮即可。若要保存此设置，单击"确定"按钮。

五、实验要求

按照实验步骤完成实验，观察设置效果后，恢复到原来的设置。

任务一 设置个性化的 Windows 7 外观

1. 更改桌面背景（图片任意），并以拉伸方式显示

在桌面空白处单击鼠标右键，在弹出的快捷菜单中选择"个性化"命令，打开"个性化"设置窗口，选择窗口下方的"桌面背景"图标，显示如图 1.41 所示"桌面背景"设置窗口。直接在图片下拉框中选取一张图片并在"图片位置"下拉列表中选择"拉伸"后单击"保存修改"按钮即可。

图 1.41 "桌面背景"设置窗口

如果要将多张图片设为桌面背景，在图 1.41 中要按下【Ctrl】键依次选取多个图片文件，在"图片位置"下拉列表中选择"拉伸"，并在"更改图片时间间隔"下拉列表中选择更改间隔，如果希望多张图片无序播放，选中"无序播放"复选框，单击"保存修改"按钮使设置生效，返回到桌面观察效果。

2. 更改窗口边框、"开始"菜单和任务栏的颜色为深红色，并启用透明效果

（1）在"控制面板"中单击"外观和个性化"，显示"外观和个性化"设置窗口。

（2）单击"个性化"中的"更改半透明窗口颜色"，在之后显示的颜色图标中单击"深红色"并勾选"启用透明效果"复选框。

（3）单击"保存修改"按钮后观察窗口边框、"开始"菜单以及任务栏的变化。

3. 设置活动窗口标题栏的颜色为黑、白双色，字体为华文新魏，字号为 12，颜色为红色

（1）在"控制面板"中单击"外观和个性化"，显示"外观和个性化"设置窗口。

（2）单击"个性化"中的"更改半透明窗口颜色"，在之后显示的窗口中单击"高级外观设置"，弹出"窗口颜色和外观"对话框，如图 1.42 所示。

（3）在"项目"下拉列表中选择"活动窗口标题栏"，"颜色 1"选择"黑色"，"颜色 2"选择"白色"。

（4）在"字体"下拉列表中选择"华文新魏"，"大小"下拉列表选择"12"。

（5）单击"确定"按钮后观察活动窗口的变化。

任务二　设置显示鼠标的指针轨迹并设为最长

（1）在"控制面板"中单击"硬件和声音"，显示"硬件和声音"设置窗口。

（2）单击"设备和打印机"中的"鼠标"，打开"鼠标 属性"对话框，单击"指针选项"选项卡，在"可见性"区域中，选中"显示指针轨迹"复选框并拖动滑块至最右边，如图 1.43 所示。

图 1.42　"窗口颜色和外观"对话框图

图 1.43　"鼠标 属性"对话框

（3）单击"确定"按钮。

任务三　添加新用户"user1"，密码设置为"123456789"（只有系统管理员才有用户账户管理的权限）

（1）在"控制面板"中单击"用户账户和家庭安全"中的"添加或删除用户账户"，显示"管理账户"窗口。

（2）单击"创建一个新账户"，在之后显示的窗口中输入新账户的名称"user1"，使用系统推荐的账户类型，即标准账户，如图 1.44 所示。

图 1.44　"创建新账户"窗口

（3）单击"创建账户"按钮后返回到"管理账户"窗口。

（4）单击账户列表中的新建账户"user1"，在之后显示的窗口中单击"创建密码"，显示"创建密码"窗口，如图1.45所示。

图1.45 "创建密码"窗口

（5）分别在"新密码"和"确认新密码"框中输入"123456789"后，单击"创建密码"按钮。

设置完成后，打开"开始"菜单，将鼠标移动到"关机"菜单项旁的箭头按钮上，单击选择弹出菜单中的"切换用户"，则显示系统登录界面，此时已可以看到新增加的账户"user1"，单击选择该账户后输入密码就可以以新的用户身份登录系统。

在"管理账户"窗口选择一个账户后，还可以使用"更改账户名称""更改密码""更改图片""更改账户类型"及"删除账户"等功能对所选账户进行管理。

任务四 打印机的安装及设置

1. 安装打印机

安装打印机，首先将打印机的数据线连接到计算机的相应端口上，接通电源打开打印机，然后打开"开始"菜单，选择"设备和打印机"打开"设备和打印机"窗口。也可以通过"控制面板"中"硬件和声音"中的"查看设备和打印机"进入。在"设备和打印机"窗口中单击工具栏中"添加打印机"按钮，显示如图1.46所示"添加打印机"对话框。选择要安装的打印机类型（本

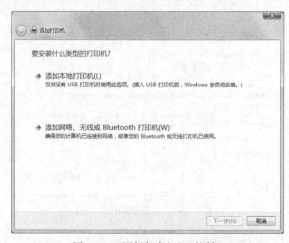

图1.46 "添加打印机"对话框

地打印机或网络打印机），在此选择"添加本地打印机"，之后要依次选择打印机使用的端口、打印机厂商和打印机类型，确定打印机名称并安装打印机驱动程序，最后根据需要选择是否共享打印机即可完成打印机的安装。安装完毕后，"设备和打印机"窗口中会出现相应的打印机图标。

2. 设置默认打印机

如果安装了多台打印机，在执行具体打印任务时可以选择打印机或将某台打印机设置为默认打印机。要设置默认打印机，先打开"设备和打印机"窗口，在某个打印机图标上单击鼠标右键，在弹出的快捷菜单中单击"设置为默认打印机"即可。默认打印机的图标左下角有一个"√"标识。

3. 取消文档打印

在打印过程中，用户可以取消正在打印或打印队列中的打印作业。鼠标双击任务栏中的打印机图标，打开打印队列，右键单击要停止打印的文档，在弹出菜单中选择"取消"。若要取消所有文档的打印，选择"打印机"菜单中的"取消所有文档"。

任务五 使用系统工具维护系统

由于在计算机的日常使用中，逐渐会在磁盘上产生文件碎片和临时文件，致使运行程序、打开文件变慢，因此可以定期使用"磁盘清理"删除临时文件，释放硬盘空间，使用"磁盘碎片整理程序"整理文件存储位置，合并可用空间，提高系统性能。

1. 磁盘清理

（1）单击"开始→所有程序→附件→系统工具"，选择"磁盘清理"命令，打开"磁盘清理：驱动器选择"对话框。

（2）选择要进行清理的驱动器，在此使用默认选择"（C：）"。

（3）单击"确定"按钮，会显示一个带进度条的计算 C 盘上释放空间数的对话框，如图 1.47 所示。

（4）计算完毕则会弹出"（C：）的磁盘清理"对话框，如图 1.48 所示，其中显示系统清理出建议删除的文件及其所占磁盘空间的大小。

图 1.47 "磁盘清理"计算释放空间进度显示对话框　　　　图 1.48 "（C：）的磁盘清理"对话框

（5）在"要删除的文件"列表框中选中要删除的文件，单击"确定"按钮，在之后弹出的"磁盘清理"确认删除对话框中单击"删除文件"按钮，弹出"磁盘清理"对话框，清理完毕，该对话框自动消失。

依次对 C、D、E 各磁盘进行清理，注意观察并记录清理磁盘时获得的空间总数。

2. 磁盘碎片整理程序

进行磁盘碎片整理之前，应先把所有打开的应用程序都关闭，因为一些程序在运行的过程中可能要反复读取磁盘数据，会影响磁盘整理程序的正常工作。

（1）单击"开始→所有程序→附件→系统工具"，选择"磁盘碎片整理程序"命令，打开"磁盘碎片整理程序"对话框。

（2）选择磁盘驱动器后单击"分析磁盘"按钮，进行磁盘分析。

（3）分析完后，可以根据分析结果选择是否进行磁盘碎片整理。如果在"上一次运行时间"列中显示检查磁盘碎片的百分比超过了 10%，则应该进行磁盘碎片整理，只需单击"磁盘碎片整理"按钮即可。

任务六　打开和关闭 Windows 功能

Windows 7 附带的某些程序和功能（如 Internet 信息服务），必须在使用之前将其打开，不再使用时则可以将其关闭。在 Windows 的早期版本中，若要关闭某个功能，必须从计算机上将其完全卸载。在 Windows 7 中，关闭某个功能不会将其卸载，仍会保留存储在硬盘上，以便需要时可以直接将其打开。

（1）单击"开始→控制面板"，打开"控制面板"窗口。

（2）选择"程序"，在之后显示的窗口中单击"程序和功能"中的"打开或关闭 Windows 功能"，显示如图 1.49 所示"Windows 功能"对话框。

（3）若要打开某个 Windows 功能，选中该功能对应的复选框。若要关闭某个 Windows 功能则清除其所对应的复选框。

（4）单击"确定"按钮。

图 1.49　"Windows 功能"对话框

第2章
常用办公软件 Word

本章以 MicroSoft Office 2013 为平台，由浅入深讲述了 Word 的基本操作与排版，通过对 3 个实验（文档的创建与排版、表格制作、图文混排与页面设置）的练习，使学生了解排版中常用的知识、掌握 Word 的常用操作以及部分高级操作，为以后的学习和工作打下基础，能够利用 Word 解决实际生活中遇到的排版操作。

实验一　文档的创建与排版

一、实验学时

2 学时。

二、实验目的

◇ 掌握 Word 2013 的启动与退出方法，认识 Word 2013 主窗口的屏幕对象。

◇ 掌握操作 Word 2013 功能区、选项卡、组和对话框的方法。

◇ 熟练掌握利用 Word 2013 建立、保存、关闭和打开文档的方法。

◇ 熟练掌握输入文本的方法。

◇ 熟练掌握文本的基本编辑方法以及设定文档格式的方法，包括插入点的定位，文本的输入、选择、插入、删除、移动、复制、查找和替换、撤销与恢复等操作。

◇ 掌握文档的不同显示方式。

◇ 熟练掌握设置字符格式的方法，包括选择字体、字形与字号，使用颜色、粗体、斜体、下画线和删除线等。

◇ 熟练掌握设置段落格式的方法，包括对文本的字间距、段落对齐、段落缩进和段落间距等进行设置。

◇ 熟练掌握边框和底纹、分栏、文字加拼音、首字下沉等特殊格式的设置方法。

◇ 掌握格式刷和样式的使用方法。

◇ 掌握项目符号、项目编号的使用方法。

◇ 掌握利用模板建立文档的方法。

三、相关知识

1．基本知识

Word 2013 是 Microsoft Office2013 办公系列软件之一，是目前办公自动化中最流行的、全面支持简繁体中文的、具有全新用户界面的、功能更加强大的新一代套装办公软件。

Word 2013 仍然采用 Ribbon 界面风格，但在设计上尽量减少功能区 Ribbon，为内容编辑区域让出更大空间，以便用户更加专注于内容。其中的"文件"选项卡已经是一种的新的面貌，用户们操作起来更加高效。例如，当用户想创建一个新的文档，他就能看到许多可用模板的预览图像。

Microsoft Word 2013 集编辑、排版和打印等功能为一体，并同时能够处理文本、图形和表格，满足各种公文、书信、报告、图表、报表以及其他文档打印的需要。

2．基本操作

Word 文档是由 Word 编辑的文本。文档编辑是 Word 2013 的基本功能，主要完成文档的建立、文本的录入、保存文档、选择文本、插入文本、删除文本以及移动、复制文本等基本操作，并提供了查找和替换功能、撤销和重复功能。文档被保存时，会生成以".docx"为默认扩展名的文件。

3．基本设置

文档编辑完成之后，就要对整篇文档进行排版以使文档具有美观的视觉效果，包括字符格式设置、段落格式设置、边框与底纹设置、项目符号与编号设置以及分栏设置等。还有一些特殊格式设置，包括首字下沉、给中文加拼音、加删除线等。

4．高级操作

（1）格式刷

使用格式刷可以快速地将某文本的格式设置应用到其他文本上，操作步骤如下。

① 选中要复制样式的文本。

② 单击功能区"开始"选项卡中"剪贴板"组中的"格式刷"按钮，之后将鼠标移动到文本编辑区，会看到鼠标旁出现一个小刷子的图标。

③ 用格式刷扫过（即按下鼠标左键拖曳）需要应用样式的文本即可。

单击"格式刷"按钮，使用一次后格式刷功能就自动关闭了。如果需要将某文本的格式连续应用多次，则需双击"格式刷"按钮，之后直接用格式刷扫过不同的文本就可以了。要结束使用格式刷功能，再次单击"格式刷"按钮或按【Esc】键均可。

（2）样式与模板

样式与模板是 Word 中非常重要的内容，熟练使用这两个工具可以简化格式设置的操作，提高排版的质量和速度。

样式是应用于文档中文本、表格等的一组格式特征，利用其能迅速改变文档的外观。应用样式时，只需执行简单的操作就可以应用一组格式。选择功能区中"开始"选项卡下"样式"组中的样式显示区域右下角的"其他"按钮，在出现的下拉框中显示出了可供选择的样式。要对文档中的文本应用样式，先选中这段文本，然后单击下拉框中需要使用的样式名称就可以了。要删除某文本中已经应用的样式，可先将其选中，再选择下拉框中的"清除格式"选项。

如果要快速改变具有某种样式的所有文本的格式，可通过重新定义样式来完成。选择功能区中"开始"选项卡下"样式"组中的样式显示区域右下角的"其他"按钮，在出现的下拉框中选择"应用样式"选项，在弹出的"应用样式"任务窗格中的"样式名"框输入要修改的样式的名称，如输入"正文"，单击"修改"按钮，弹出的对话框中显示现有的"正文"样式的字体格式，选择对话框中"格式"按钮下拉框中的"段落"项,在弹出的"段落"对话框中对其进行所需要的格式修改后,单击"确定"按钮使设置生效,即可看到文档中所有使用"正文"样式的文本的段落格式已发生改变。

Word 2013 提供了涵盖广泛内容的模板,有信函、传真、简历、报告等,利用其可以快速地创建专业而且美观的文档。模板就是一种预先设定好的特殊文档,已经包含了文档的基本结构和文档设置,如页面设置、字体格式、段落格式等,方便以后重复使用,省去每次都要排版和设置的烦恼。对于某些格式相同或相近文档的排版工作,模板是不可缺少的工具。Word 2013 模板文件的扩展名为".dotx",利用模板创建新文档的方法请参考其他书籍,在此不再赘述。

四、实验范例

1. 启动 Word 2013 窗口

启动 Word 2013 有多种方法,下面介绍几种常用的方法。

① 选择菜单命令"开始→所有程序→Microsoft Office 2013→Word 2013"。

② 如果在桌面上已经创建了启动 Word 2013 的快捷方式,则双击快捷方式图标。

③ 双击任意一个 Word 文档,Word 2013 就会启动并且打开相应的文件。

2. 认识 Word 2013 的窗口构成

Word 2013 的窗口主要包括标题栏、快速访问工具栏、"文件"按钮、功能区、标尺栏、文档编辑区和状态栏,如图 2.1 所示。

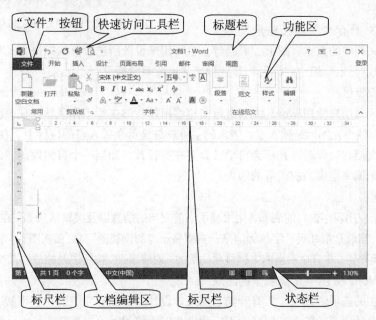

图 2.1　Word 2013 工作界面

（1）标题栏

标题栏位于窗口的最上方,主要显示正在编辑的文档名称及编辑软件名称信息,在其右侧有 5 个窗口控制按钮,最左边的一个按钮可以打开"Word 帮助"窗口,右边的 4 个分别是功能区显示选项、最小化、最大化（还原）和关闭窗口操作按钮。

（2）快速访问工具栏

快速访问工具栏主要显示用户日常工作中频繁使用的命令,安装好 Word 2013 之后,其默认显示:

"保存""撤销"和"重复"命令按钮项。用户也可以单击此工具栏中的"自定义快速访问工具栏"按钮▼，在弹出的菜单中勾选某些命令项将其添加至工具栏中，以便以后可以快速地使用这些命令。

（3）"文件"按钮

单击"文件"按钮将打开"文件"面板，包含"信息""新建""打开""关闭""保存""打印"等常用命令。在"新建"命令面板中，用户可以根据自己的需要选择面板中显示的模板，当然，也可以在面板上方的搜索框中输入相关的关键字"搜索联机模板"。

（4）功能区

功能区横跨应用程序窗口的顶部，由选项卡、组和命令 3 个基本组件组成。选项卡位于功能区的顶部，包括"开始""插入""页面布局""引用""邮件"等。单击某一选项卡，则可在功能区中看到若干个组，相关项显示在一个组中。命令则是指组中的按钮、用于输入信息的框等。在 Word 2013 中还有一些特定的选项卡，只不过特定选项卡只有在需要时才会出现。例如，当在文档中插入图片后，可以在功能区看到图片工具"格式"选项卡。如果用户选择其他对象，如剪贴画、表格或图表等，将显示相应的选项卡。

功能区将 Word 2013 中的所有功能选项巧妙地集中在一起，以便于用户查找使用。但是当用户暂时不需要功能区中的功能选项并希望拥有更多的工作空间时，则可以通过双击活动选项卡临时隐藏功能区，此时，组会消失，从而为用户提供更多空间，如图 2.2 所示。如果需要再次显示，则可再次双击活动选项卡，组就会重新出现。

（5）标尺栏

Word 2013 具有水平标尺和垂直标

| 开始 | 插入 | 设计 | 页面布局 | 引用 | 邮件 | 审阅 | 视图 | 加载项 |

图 2.2　隐藏组后的功能区

尺，用于对齐文档中的文本、图形、表格等，也可用来设置所选段落的缩进方式和距离。可通过"视图"选项卡"显示"组中"标尺"复选框来显示或隐藏标尺。

（6）文档编辑区

文档编辑区是用户使用 Word 2013 进行文档编辑排版的主要工作区域，在该区域中有一个垂直闪烁的光标，这个光标就是插入点，输入的字符总是显示在插入点的位置上。在输入的过程中，当文字显示到文档右边界时，光标会自动转到下一行行首，而当一个自然段落输入完成后，则可通过按一下回车键来结束当前段落的输入。

（7）状态栏

状态栏位于应用程序窗口的底部，用来显示当前文档的信息以及编辑信息等。在状态栏的左侧显示文档共几页、当前是第几页、字数等信息；右侧显示"阅读视图""页面视图""Web 版式视图"3 种视图模式切换按钮，并有显示当前文档显示比例的"缩放级别"按钮以及缩放当前文档的缩放滑块。

3. 熟悉 Word 2013 各个选项卡的组成

Word 2013 的选项卡选项主要有开始、插入、设计、页面布局、引用、审阅、视图。请读者把每个选项卡中的主要功能大概记忆一下，这样在以后使用时可提高效率。

用户也可以根据需要增加选项卡。方法如下：单击"文件"菜单中的"选项"，打开如图 2.3 所示的"Word 选项"窗口，在此窗口中，先在左侧选择"自定义功能区"，再在右侧单击"新建选项卡"按钮即可创建一个新的选项卡。此时的选项卡中没有包含命令（功能）按钮，用户在使用时可以根据自己的需要添加。

4. 文件的建立与文本的编辑

（1）建立新文档

单击"文件"菜单中的"新建"命令，选择右侧可用模板中的一种，会弹出相应的模板窗口，再单击窗口上的"创建"按钮，即可创建一个基于特定模板的新文档，本范例选择"空白文档"，如图 2.4 所示。如果选择"空白文档"，则在可用模板区单击"空白文档"后 Word 会直接创建一个空白的文档。

图 2.3　"Word 选项"窗口

图 2.4　"新建"命令面板

（2）文档的输入

在新建的文档中输入实验范例文字，暂且不管字体及格式。输入完毕将其保存为 D：\AA.docx。

具体操作如下：单击"快速访问工具栏"中的"保存"按钮，会出现"另存为"面板，如图 2.5 所示，可以选择"最近访问的文件夹"，也可单击面板上的"浏览"按钮，弹出"另存为"对话框，在此对话框中选择文档要保存的位置，在"文件名"框中输入文档的名称，若不新输入名称则 Word 自动将文档的第一句话作为文档的名称，在"保存类型"下拉框中选择"Word 文档"，最后单击"保存"按钮，文档即被保存在指定的位置上了。

图 2.5　"另存为"面板

注意　　操作（1）、操作（2）的目的是练习输入，如果已经掌握，可直接打开某个已经存在的文件。

实例范例文字如下。

三、本课程的教学基本要求

通过本课程的学习，学生应该了解计算机系统的初步知识，掌握计算机操作系统的基本操作技能，掌握字表处理软件的基本操作，了解数据库系统的基本知识，基本掌握 WWW 浏览、电子邮件收发和文件下载的操作方法，了解计算机信息的安全性及其为保证信息安全应采取的各项措施。

（一）计算机的初步知识：了解计算机的各个发展阶段、应用领域、主要技术指标及其配置原则；掌握不同数制之间的转换方法、二进制数的算术运算、信息编码（ASCII 码）和信息单位（位、字节、字、双字）的概念。了解计算机系统基本组成及其工作过程。

（二）操作系统的功能和使用：了解操作系统的功能和基本组成（功能模块）；掌握文件的概念、命名、类型；掌握磁盘文件目录的树形结构和路径的概念。

《计算机应用基础》是高等学校工科本科非计算机专业的一门必修基础课。本课程的任务是使学生通过本课程的学习了解计算机文化基础知识，掌握使用计算机的基本技能。

电子数字计算机（Electronic Computer）是一种能自动地、高速地、精确地进行信息处理的电子设备，是 20 世纪最重大的发明之一。在计算机家族中包括了机械计算机、电动计算机、电子计算机等。电子计算机又可分为电子模拟计算机和电子数字计算机，通常我们所说的计算机就是指电子数字计算机，它是现代科学技术发展的结晶，特别是微电子、光电、通信等技术以及计算数学、控制理论的迅速发展带动计算机不断更新。

5. 撤销与恢复

在"快速访问工具栏"上有"撤销"与"恢复"按钮，可把编者对文件的操作进行按步倒退及前进，请同学们上机实际操作加以体会。

6. 字体及段落设置

在设置字体之前，要先选择内容，选择方法如下：从要选择文本的起点处按下鼠标左键，一直拖曳至终点处松开鼠标即可，选中的文本将以蓝底黑字的形式出现。如果要选择的是篇幅比较大的连续文本，则使用上述方法就不是很方便，此时可以在要选择的文本起点处单击鼠标左键，然后将鼠标移至选取终点处，同时按下【Shift】键与鼠标左键即可。

在 Word 2013 中，还有几种常用的选定文本的方法，首先要将鼠标移到文档左侧的空白处，此处称为选定区，鼠标移到此处将变为右上方向的箭头：

① 单击鼠标，选定当前行文字；

② 双击鼠标，选定当前段文字；

③ 三击鼠标，选中整篇文档。

此外，按下【Alt】键的同时拖曳鼠标左键，可以选中矩形区域。

对于段落的缩进，可以通过如图 2.6 所示的"段落"对话框来设置，包括对齐方式、缩进和行的间距。

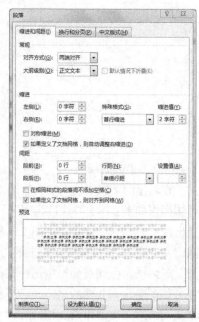
图 2.6　"段落"对话框

有时为了方便快捷，可通过拖曳水平标尺上的缩进滑块实现上述的缩进。各滑块的具体含义如图 2.7 所示。

图 2.7　水平标尺

（1）第一段设置成隶书、二号，居中。

（2）第二段设置成宋体、小四、斜体，左对齐，段前和段后各加 1 行间距。

（3）第三段设置成宋体、小四，行距最小值为 20 磅。

（4）第四段设置成楷体、小四、加波浪线；左右各缩进 2 个字符，首行缩进 2 个字符，1.5 倍行距，段前、段后各加 0.5 行间距。

（5）第五段的设置同第三段。

（6）第六段设置成楷体、小四，加粗。

7. 文字的查找和替换（以刚建立的 D:\AA.docx 为例）

（1）查找指定文字："掌握"。

① 打开 D:\AA.docx 文档。

② 单击"开始"选项卡上的"编辑"组中的"查找"，在文本编辑区的左侧会显示 "导航"任务窗格。

③ 在"导航"任务窗格中显示"搜索文档"的文本框内输入"掌握"二字。

④ 单击"搜索更多内容"按钮 或按回车键，匹配结果项就会全部出现在"导航"任务窗格中搜索框的下面，并在文档中高亮显示相匹配的关键词，在任务窗格中单击某个搜索结果能快速定位到正文中的相应位置。

（2）将文档中的"掌握"替换为"熟练掌握"，仍以 D:\AA.docx 为例。

① 打开 D:\AA.docx 文档。

② 单击"开始"选项卡上的"编辑"组中的"替换"，出现"查找和替换"对话框。

③ 在"查找内容"后面的空栏内输入"掌握"，在"替换为"后面的空栏内输入"熟练掌握"。

④ 单击"全部替换"按钮，屏幕上出现一个对话框，报告已替换完毕。

⑤ 单击报告对话框的"确定"按钮，对话框消失。

⑥ 单击"关闭"按钮，"替换"对话框消失，返回 Word 窗口，这时所有的"掌握"都替换成了"熟练掌握"。

在替换的过程中，可以根据需要选择"替换""全部替换""查找下一处"等功能。若在"替换为"的框中不输入内容，则在替换时表示删除要查找的内容。

单击"更多"按钮，则出现如图 2.8 所示的"查找和替换"对话框，可实现设置搜索选项以及对格式的查找，包括字体、段落、样式、段落标记、分栏符、手动换行符、任意字符、任意数字等。

8. 视图显示方式的切换

通过单击"视图"选项卡"视图"组中的各种视图按钮，进行各种视图显示方式的切换，并认真观察显示效果。

图 2.8 "查找和替换"对话框

9. 设置边框与底纹

（1）设置段落的边框与底纹

① 把光标移到文档 D:\AA.docx 中的第 1 段。

② 在功能区的"开始"选项卡下，单击"段落"组中的"边框"按钮右侧的下拉按钮，在弹出的下拉框中选择"边框和底纹"选项，如图 2.9 所示。

③ 在弹出的"边框和底纹"对话框中选择"边框"标签。

④ 在"设置"栏中选择"方框"，在"样式"栏中选择"双线"，在"颜色"栏中选择"绿色"，在"宽度"栏中选择"0.75 磅"，在"应用于"栏中选择"段落"，此时，可以在"预览"框中看到设置的效果。

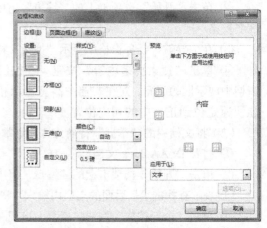

图 2.9 "边框和底纹"对话框

此时，同学们可单击"预览"框中"上、下、左、右"4 个按钮，观察段落边框的不同效果。

⑤ 单击"底纹"标签。在"填充"栏中选择"黄色"，在"图案"栏中选择"清除"，在"应用于"栏中选择"段落"，此时，可以在"预览"框中看到设置的效果。

⑥ 单击"确定"按钮，文档第 1 段边框和底纹设置成功。

（2）设置文字的边框与底纹

① 选中文档 D:\AA.docx 中的倒数第 2 段文字。

② 在功能区的"开始"选项卡下，单击"段落"组中的"边框"按钮右侧的下拉按钮，在弹出的下拉框中选择"边框和底纹"选项。

③ 在弹出的"边框和底纹"对话框中选择"边框"标签。

④ 在"设置"栏中选择"阴影",在"样式"栏中选择"单实线",在"颜色"栏中选择"红色",在"宽度"栏中选择"0.5 磅",在"应用于"栏中选择"文字",此时,可以在"预览"框中看到设置的效果。

⑤ 单击"底纹"标签。在"填充"栏中选择"浅绿",在"图案"栏中选择"清除",在"应用于"栏中选择"文字",此时,可以在"预览"框中看到设置的效果。

⑥ 单击"确定"按钮,文档倒数第 2 段文字的边框和底纹设置成功。

（3）设置页面边框

为页面设置普通边框步骤类似于前面为段落和文字设置边框,不同的是首先把光标放在当前页面的任意位置即可,在最后的"应用于"框中选择"整篇文档"。

如果要为页面添加艺术型边框则无需设置"样式""颜色"等其他项,只需在"艺术型"栏中选择一项,然后在"应用于"框中选择"整篇文档"即可。

如何取消段落或文字上已经添加的边框或底纹,请同学们思考并动手实践。提示:使用"边框和底纹"对话框进行设置。

10. 分栏设置

（1）整篇文档分栏

① 把光标放到文档 D:\AA.docx 中的任意位置。

② 单击"页面布局"选项卡,在"页面设置"组中单击"分栏"按钮,在弹出的下拉框中选择"两栏",观察文档变化。

③ 在下拉框中选择"一栏",文档重新回到未分栏状态。

（2）部分文档分栏

① 选中文档 D:\AA.docx 中的最后一段文字。

② 单击"页面布局"选项卡,在"页面设置"组中单击"分栏"按钮,在弹出的下拉框中选择"更多分栏",打开"分栏"对话框。

③ 在"预设"栏中选择"偏左",勾选"分割线"前的复选框。

④ 单击"确定"按钮,观察文档最后一段分栏效果。

11. 关闭 Word 2013

退出 Word 2013 有多种方法,请实际操作并体会。

实验做完后,请正常关闭系统,并认真总结实验过程和所取得的收获。

五、实验要求

任务一

【原文】

同实验范例中原文。

【操作要求】

（1）将标题字体格式设置成宋体、三号、加粗、居中。

（2）将标题的段前、段后间距设置为 0.5 行。

（3）将正文设置为宋体、五号。

（4）为所有段落设置 1.3 倍行间距。

（5）在文档的特定位置插入特殊符号，如图 2.10 所示。

（6）为“计算机的初步知识:”和“操作系统的功能和使用:”两部分内容添加编号，编号样式自定。

（7）为文档的其他 3 段内容设置首行缩进 2 个字符。

（8）给正文第 1 行中的“通过本课程的学习”添加红色波浪形下划线。并把第 1 段余下的文字内容设置为“绿色、加粗、倾斜”。

（9）将文档的最后一段文字设置为“华文新魏”，并加着重号。

【样本】

如图 2.10 所示。

任务二

【原文】

文字内容参见图 2.11 所示文字。

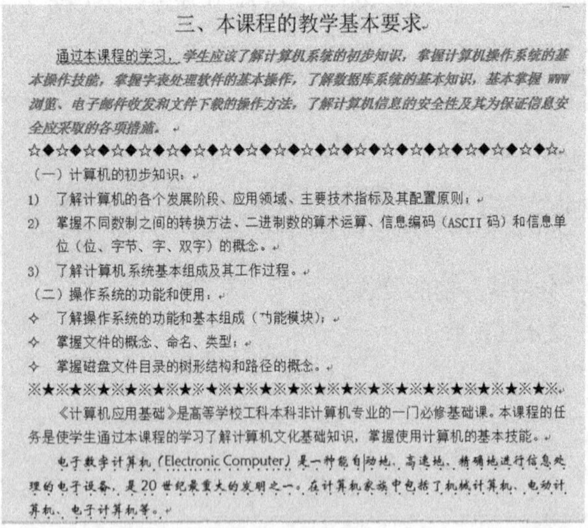

三、本课程的教学基本要求

通过本课程的学习，学生应该了解计算机系统的初步知识，掌握计算机操作系统的基本操作技能，掌握字表处理软件的基本操作，了解数据库系统的基本知识，基本掌握 www 浏览、电子邮件收发和文件下载的操作方法，了解计算机信息的安全性及其为保证信息安全应采取的各项措施。

☆◆☆◆☆◆☆◆☆◆☆◆☆◆☆◆☆◆☆◆☆◆☆◆☆◆☆◆☆◆☆◆☆◆☆◆☆◆☆

（一）计算机的初步知识：

1) 了解计算机的各个发展阶段、应用领域、主要技术指标及其配置原则；
2) 掌握不同数制之间的转换方法、二进制数的算术运算、信息编码（ASCII 码）和信息单位（位、字节、字、双字）的概念。
3) 了解计算机系统基本组成及其工作过程。

（二）操作系统的功能和使用：

✧ 了解操作系统的功能和基本组成（工能模块）；
✧ 掌握文件的概念、命名、类型；
✧ 掌握磁盘文件目录的树形结构和路径的概念。

※★※★※★※★※★※★※★※★※★※★※★※★※★※★※★※★※★※★※★※

《计算机应用基础》是高等学校工科本科非计算机专业的一门必修基础课。本课程的任务是使学生通过本课程的学习了解计算机文化基础知识，掌握使用计算机的基本技能。

电子数字计算机（Electronic Computer）是一种能自动地、高速地、精确地进行信息处理的电子设备，是 20 世纪最重大的发明之一。在计算机家族中包括了机械计算机、电动计算机、电子计算机等。

图 2.10　任务一样本

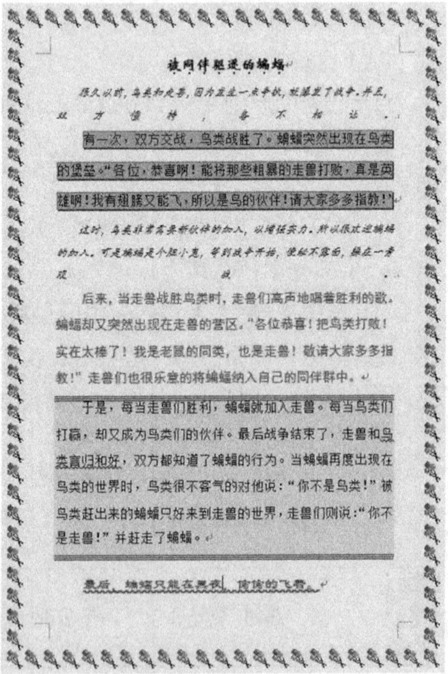

被同伴驱逐的蝙蝠

很久以前，鸟类和走兽，因为发生一点争执，就爆发了战争。并且，双方僵持，各不相让。

有一次，双方交战，鸟类战胜了。蝙蝠突然出现在鸟类的堡垒。“各位，恭喜啊！能将那些粗暴的走兽打败，真是英雄啊！我有翅膀又能飞，所以是鸟的伙伴！请大家多多指教！”

这时，鸟类非常高兴新伙伴的加入，以增强实力。所以很欢迎蝙蝠的加入。可是蝙蝠是个胆小鬼，等到战争开始，便躲不露面，躲在一旁观战。

后来，当走兽战胜鸟类时，走兽们高声地唱着胜利的歌。蝙蝠却又突然出现在走兽的营区。“各位恭喜！把鸟类打败！实在太棒了！我是老鼠的同类，也是走兽！敬请大家多多指教！”走兽们也很乐意的将蝙蝠纳入自己的同伴群中。

于是，每当走兽们胜利，蝙蝠就加入走兽。每当鸟类们打赢，却又成为鸟类们的伙伴。最后战争结束了，走兽和鸟类言归和好，双方都知道了蝙蝠的行为。当蝙蝠再度出现在鸟类的世界时，鸟类很不客气的对他说：“你不是鸟类！”被鸟类赶出来的蝙蝠只好来到走兽的世界，走兽们则说：“你不是走兽！”并赶走了蝙蝠。

最后，蝙蝠只能在黑夜，偷偷的飞翔。

图 2.11　任务二样本

【操作要求】

（1）标题：居中，设为华文新魏三号字，加着重号并加粗。

（2）所有正文文字设置为四号，宋体；所有段落首行缩进 2 个字符，左右缩进各 0.5 个字符，1.5 倍行间距。

（3）第 1 段：设为华文新魏小四号字，倾斜，分散对齐。

（4）第 2 段：给文字添加边框“阴影、单线、绿色、0.75 磅”，添加文字 “浅绿”底纹。

（5）第 3 段：用格式刷将该段设为与第 1 段同样的格式。

（6）第 4 段：设为黑体，字体颜色设为蓝色。

（7）第 5 段：给段落添加边框"自定义、三线、红色、0.5 磅"，仅添加上下边框，添加段落"黄色"底纹。

（8）第 6 段：段前段后间距设置为 1 行，隶书，小三，红色字，加下画线。

（9）整篇文档加页面边框，如样本所示。

（10）在 D 盘建立一个以自己名字命名的文件夹，存放自己的 Word 文档作业，该作业以"自己的名字+学号最后两位"命名。

【样本】

样本如图 2.11 所示。

实验二　表格制作

一、实验学时

2 学时。

二、实验目的

◇　掌握 Word 2013 创建表格和编辑表格的基本方法。

◇　掌握 Word 2013 设计表格格式的常用方法。

◇　掌握 Word 2013 表格图形化的方法。

三、相关知识

表格具有信息量大、结构严谨、效果直观等优点，而表格的使用可以简洁有效地将一组相关数据放在同一个正文中，因此，掌握表格制作的操作是十分必要的。

表格是用于组织数据的最有用的工具之一，以行和列的形式简明扼要地表达信息，便于读者阅读。在 Word 2013 中，不仅可以非常方便、快捷地创建一个新表格，还可以对表格进行编辑、修饰，如增加或删除一行（列）或多行（列）、拆分或合并单元格、调整行（列）高、设置表格边框等，以增加其视觉上的美观程度，而且还能对表格中的数据进行排序以及简单计算等。

Word 2013 表格制作功能，包括以下几方面。

1. 创建表格的方法

（1）插入表格：在文档中插入规则的表格。

（2）绘制表格：在文档中创建复杂的不规则表格。

（3）快速制表：利用"快速表格"选项进行设置。

2. 编辑与调整表格

（1）输入文本：在内容输入的过程中，可以同时修改录入内容的字体、字号、颜色等，这与文档的字符格式设置方法相同，都需要先选中内容再设置。

（2）调整行高与列宽。

（3）单元格的合并、拆分与删除等。

（4）插入行或列。

（5）删除行或列。

（6）更改单元格对齐方式：单元格中文字的对齐方式一共有9种，默认的对齐方式是靠上左对齐。

（7）绘制斜线表头。

3. 美化表格

（1）修改表格的框线颜色或线型。

（2）为表格添加底纹。

4. 表格数据的处理

（1）表格转换为文本。

（2）对表格中的数据进行计算。

（3）对表格中的数据进行排序。

5. 自动套用表格格式

四、实验范例

1. 建立表格

（1）建立如表2.1所示表格，并设置其黑体、加粗、五号字、居中，存为 D:\biao.docx。

表2.1 样表1

分 公 司 季 度	香港分公司	北京分公司
一季度销售额	435	543
二季度销售额	567	654
三季度销售额	675	789
四季度销售额	765	765
合 计		

（2）删除表格最后一行。把光标移到表格最后一行的任意单元格，单击"布局"选项卡"行和列"组中的"删除"按钮，在弹出的对话框中选择"删除行"即可。

（3）在最后一行之前插入一行。把光标移到表格最后一行的任意单元格，单击"布局"选项卡"行和列"组中的"在上方插入"按钮即可。

（4）在第3列的左边插入一列。把光标移到表格最后一列的任意单元格，单击"布局"选项卡"行和列"组中的"在左方插入"按钮即可。

（5）调整列表线的位置到合适的宽度。

（6）制作斜线表头。

① 将光标定位在表格首行的第1个单元格当中，并将此单元格的尺寸调大。

② 单击功能区的"设计"选项卡，在"边框"组的"边框"按钮下拉框中选择"斜下框线"选项即可在单元格中出现一条斜线。

③ 在单元格中的"姓名"文字前输入"科目"后按回车键。

④ 调整两行文字在单元格中的对齐方式分别为"右对齐""左对齐"，完成斜线表头的制作。

（7）调整表格在页面中的位置。

① 把光标移到表格中的任意位置，这时会在表格的左上角出现一个内部有双向十字的方形图标 ⊞。

② 用鼠标左键单击此图标，拖曳鼠标，可以将表格移到任意位置。

（8）绘制不规则表格。

① 单击功能区的"插入"选项卡，在"表格"组的"表格"按钮下拉框中选择"绘制表格"选项。

② 把光标移到要插入表格的位置，这时光标会变成笔状。按下鼠标左键拖曳鼠标到需要大小松开。这时，绘制出的是表格的外框线。

③ 把光标移到表格内，单击功能区出现的"设计"选项卡。

④ 设置边框样式。方法一：在"设计"选项卡的"边框"组中单击"笔样式"右侧的下拉框按钮，在弹出的下拉框中选择绘制表格线需要的框线样式，单击"笔划粗细"右侧的下拉框按钮，在弹出的下拉框中选择框线的粗细，单击"笔颜色"按钮，在弹出的下拉框中选择框线的颜色。方法二：单击"设计"选项卡中的"边框样式"按钮，从中直接选择样式。

⑤ 单击"设计"选项卡"边框"组中"边框"下拉框按钮，在弹出的下拉框中选择"绘制表格"项。

⑥ 把光标移回文档编辑区，这时光标呈笔状，此时就可以使用刚才选择的框线样式自由绘制表格了。如果需要更改框线样式，从步骤③重复即可。

需要注意的是，Word 2013 取消了原来"边框"组中的"擦除"按钮，新增了"边框刷"按钮。"边框刷"按钮的作用是把当前定义的"边框样式"应用于表格中的特定边框。使用时只需先按照上述步骤④设置边框样式，然后单击"边框刷"按钮，这时光标变成刷子形状，单击表格中的任意框线，即可把设置的边框样式应用到框线上。

请同学们自己设计并绘制复杂的不规则表格，尝试绘制不同的表格，并试着练习使用"表格工具"栏中"边框刷"按钮。思考怎么使用"边框刷"按钮完成"擦除"功能，并动手实践。

2. 编辑表格

（1）将 D:\biao.docx 中的表格最后一行拆分为另一个表。选中表格的最后一行，单击"布局"选项卡"合并"组中的"拆分表格"按钮操作，可见选中行的内容脱离原表，成为一个新表。试操作，并观察结果。

（2）将操作（1）得到的表格重新合并成一个表。将上面表中的最后一个回车符号删除即可。

（3）调整表中行或列的宽度，以列为例。将鼠标指针移到表格中的某一单元格，把鼠标指针停留到表格的列分界线上，使之变为"← ‖ →"，这样就可按下鼠标左键不放，左右拖动，使之达到适当位置。行的操作类似，请试着操作并观察结果。

3. 表格的修饰美化（以 D:\biao.docx 为例）

（1）表格第 1 列内容中心对齐，后两列右对齐。选中第 1 列，单击"开始"选项卡"段落"组中的"居中"按钮，观察结果。同理对后两列进行设置。

也可以利用"布局"选项卡"对齐方式"组中的按钮进行设置，以达到同样的效果。

（2）修改表格边框。

分析：在 Word 文档中，可为表格、段落或选定文本的四周或任意一边添加边框，也可为文档页面四周或任意一边添加各种边框，包括图片边框，还可为图形对象（包括文本框、自选图形、图片或导入图形）添加边框或框线。在默认情况下，所有的表格边框都为 1/2 磅的黑色单实线；而在 Web 页上，默认情况下，表格没有可打印的边框。

① 单击表格左上角的 ⊞ 图标，选中整个表格。如要修改指定单元格的边框，只需选定所需单元格，包括单元格结束标记。

② 单击"设计"选项卡"边框"组中的"边框"下拉按钮，选择"边框和底纹"选项。

③ 在弹出的"边框和底纹"对话框中，对框线的样式、颜色、宽度进行设置，如果应用于单元格，在"应用于"下拉框中选择"单元格"选项，否则选择"表格"选项。

④ 在"预览"框中分别单击"上、下、左、右"按钮，将设置的边框样式分别应用于表格的上、下、左、右4条外边框线；单击水平或垂直的中间按钮，则当前的边框样式会分别应用于表格内部的水平线或垂直线；单击左下角或右下角的按钮，则为表格中的单元格添加不同方向的斜线。

⑤ 单击"确定"按钮，观察表格边框的变化。

（3）对表格第一列加底纹。

方法一：选中表格的第1列，依次单击"表格工具"中"设计"选项卡"表格样式"组中的"底纹"下拉按钮，在弹出的下拉框中选择适当的颜色即可。

方法二：

① 选中表格的第1列，依次单击"表格工具"中"设计"选项卡"边框"组中的"边框"下拉按钮，在弹出的下拉框中选择"边框和底纹"项，弹出"边框和底纹"对话框。

② 单击"边框和底纹"对话框中的"底纹"标签，选择所需的适当选项，并确认在"应用于"下拉框中选中"单元格"选项后，单击"确定"按钮，就修改了表格的底纹。

（4）自动套用表格的格式。

分析：在已经设计了一个表格之后，可方便地套用 Word 中已有的格式，而不必像操作（2）、操作（3）那样修改表格的边框和底纹。

把鼠标指针移到表格中的任一单元格。

将鼠标移至"表格工具"的"设计"选项卡中"表格样式"组内，鼠标停留在哪个样式上，其效果就自动出现在表中，如果效果满意，单击鼠标就完成了套用自动格式，十分方便。

（5）将表格转换成文字，并恢复。选中第2行~第5行，单击"布局"选项卡"数据"组中的"转换为文本"按钮，弹出"表格转换成文本"对话框，在对话框内选择文本的分隔符为"逗号"，单击"确定"按钮后，便实现了转换。请注意观察结果。

用类似的操作可将转换出来的文本再恢复成表格形式。选中需要转换成表格的对象后，单击"插入"选项卡"表格"组中"表格"下拉按钮下"文本转换成表格"命令项，在弹出的对话框里选择合适的选项即可完成操作。请同学们试一试。

图2.12 "公式"对话框

（6）表格中数据的计算与排序。在 Word 中，可以在表格中插入公式来对表格中的数据进行计算和排序。选择"表格工具"中的"布局"选项卡，然后单击 f_x 按钮，可以向表格中插入公式，如图2.12所示。在"公式"框中可输入相应的公式，也可通过"粘贴函数"查找更多的函数，具体的使用读者可参阅相关书籍。

在此也不多讲，因为计算和排序不是 Word 的"强项"，这些操作将在 Excel 中详细阐述。

一个实验做完后，请正常关闭系统，并认真总结实验过程和所取得的收获。

五、实验要求

任务一 制作课程表

【操作要求】

设计如表2.2所示的课程表。

表 2.2　　　　　　　　　　　　　　　　课程表

	星期一	星期二	星期三	星期四	星期五
第一大节					
第二大节					
午休					
第三大节					
第四大节					

表格内的内容依照实际情况进行填充，然后进行如下设置。

表格套用"清单表 4—着色 1"表格样式，表中文字是小五号楷体字，单元格文字的对齐方式选取"水平居中"。将原始单元格进行调整设置，设为宽度 1.8 厘米、高度 0.3 厘米。表格四周边框线的宽度由原来的 2.25 磅调整为 1.5 磅，其余表格线的宽度为默认值。

表格完成后，试将该表格转换成文字，观察结果；然后再将文本恢复成表格，再次观察显示结果。

任务二　制作个人简历表

【操作要求】

制作一份个人简历，如表 2.3 所示。

表 2.3　　　　　　　　　　　　　　　　个人简历

个人概况：	姓名：张三	性别：男	民族：汉	（贴照片处）
	出生年月：1987 年 11 月	身体状况：健康	身高：176	
	专业：机械设计与制造专业			
	学历：本科	政治面貌：党员		
	毕业院校：西北工业大学	通信地址：西北工业大学 333#信箱		
个人品质：	诚实守信，乐于助人			
座右铭：	活到老，学到老			
受教育情况：	教育背景： 2005—2009 年　西北工业大学　机械设计与制造专业 主修课程： 工程制图、材料力学、理论力学、机械原理、机械设计、电路理论、模拟电子技术、数字电路、微机原理、机电传动控制、工程材料学、机械制造技术基础			
个人能力：	语言能力： ◆ 具有较强的语言表态能力 ◆ 有一定的英语读、写、听能力，获全国大学生英语四级证书 计算机水平： ◆ 具有良好的计算机应用能力，获全国计算机三级证书			
社会实践：	◆ 2005 年任校学生会主席 ◆ 曾参加西北工业大学社会实践"三下乡"活动 ◆ 在校办工厂实习两个月			
性格特点：	诚实、自信、坚强、有恒心、易于相处。有一定协调组织能力，适应能力强。有较强的责任心和吃苦耐劳精神			
联系方式：				

实验三　图文混排与页面设置

一、实验学时

2 学时。

二、实验目的

◇　熟练掌握分页符、分节符的插入与删除的方法。

◇　熟练掌握设置页眉和页脚的方法。

◇　熟练掌握分栏排版的设置方法。

◇　熟练掌握页面格式的设置方法。

◇　熟练掌握插入脚注、尾注、批注的方法。

◇　熟练掌握图片、剪贴画的插入、编辑及格式设置的方法。

◇　掌握绘制和设置自选图形的基本方法。

◇　熟练掌握插入和设置文本框、艺术字、公式的方法。

三、相关知识

在 Word 中，要想使文档具有很好的美观效果，仅仅通过编辑和排版是不够的，还需要对其进行页面设置，包括页眉和页脚、纸张大小和方向、页边距、页码、是否为文档添加封面以及是否将文档设置成稿纸的形式。此外有时还需要在文档中适当的位置放置一些图片以增加文档的美观程度。一篇图文并茂的文档显然比单纯文字的文档更具有吸引力。

设置完成之后，还可以根据需要选择是否将文档打印输出。

1．版面设计

版面设计是文档格式化的一种不可缺少的工具，使用它可以对文档进行整体修饰。版面设计的效果要在页面视图方式下才能看见。

在对长文档进行版面设计时，可以根据需要，在文档中插入分页符或分节符。如果要为该文档不同的部分设置不同的版面格式（如不同的页眉和页脚、不同的页码设置等）时，就要通过插入分节符，将各部分内容分为不同的节，然后再设置各部分内容的版面格式。

2．页眉和页脚

页眉和页脚是指位于正文每一页的页面顶部或底部一些描述性的文字。页眉和页脚的内容可以是书名、文档标题、日期、文件名、图片、页码等。顶部的叫页眉，底部的叫页脚。

通过插入脚注、尾注或者批注，为文档的某些文本内容添加注释以说明该文本的含义和来源。

3．插入图形、艺术字

在 Word 2013 文档中插入自选图形、艺术字等图形对象和图片，能够起到丰富版面、增强阅读效果的作用，还可以用"绘图工具"上的相关工具对它们进行更改和编辑。

图片是由其他文件创建的图形，它包括位图、扫描的图片和照片等。可以使用"绘图工具"上的相关工具对其进行编辑和更改。如果要使插入的图片的效果更加符合我们的需要，这就需要对图片进行编辑。对图片的编辑主要包括图片的缩放、复制、剪裁、移动、删除等。图片插入文档中后，四周会出现 8 个蓝色的控制点，把鼠标移动到控制点上，当光标变成双向箭头时，拖动鼠标可以改变图片的大小。同时功能区中出现用于图片编辑的"格式"选项卡，如图 2.13 所示，在该选项卡中有"调整""图片样式""排列"和"大小"4 个组，利用其中的命令按钮可以对图片进行亮度、对比度、位置以及环绕方式等设置。

图 2.13　图片工具

艺术字是指具有特殊艺术效果的装饰性文字，可以使用多种颜色和多种字体，还可以设置阴影、三维效果，并可将其弯曲、旋转、倾斜和拉伸等。

自选图形则可以通过调整其大小、翻转和颜色等，以及多个组合自选图形而创造出更复杂的形状。

文本框可以用来存放文本，是一种特殊的图形对象，可以在页面上进行定位和大小的调整。使用文本框可以为图形添加批注、标签和其他文字。插入文本框的步骤如下。

（1）单击功能区的"插入"选项卡中"文本"组中的"文本框"按钮，将弹出如图 2.14 所示的下拉框。

（2）如果要使用已有的文本框样式，直接在"内置"栏中选择所需的文本框样式即可。

（3）如果要手工绘制文本框，选择"绘制文本框"项；如果要使用竖排文本框，选择"绘制竖排文本框"项。进行选择后，鼠标光标在文档中变成"十"字形状，将鼠标移动到要插入文本框的位置，按下鼠标左键并拖曳至合适大小后松开即可。

（4）在插入的文本框中输入文字。

文本框插入文档后，在功能区中显示出绘图工具"格式"选项卡，文本框的编辑方法与艺术字类似，可以对其及其上文字设置边框、填充色、阴影、发光、三维旋转等。若想更改文本框中的文字方向，单击"文本"组中的"文字方向"按钮，在弹出的下拉框中进行选择即可。

图 2.14　"文本框"按钮下拉框

使用文本框的好处：其位置可以在整个页面任意设置，不受行、列位置的限制。

4．"SmartArt" 工具

"SmartArt"工具用于帮助用户制作出精美的文档图表对象。使用"SmartArt"工具，可以非常方便地在文档中插入用于演示流程、层次结构、循环或者关系的 SmartArt 图形。

在文档中插入 SmartArt 图形的操作步骤如下。

（1）将光标定位到文档中要显示图形的位置。

（2）单击功能区中"插入"选项卡中"插图"组中的"SmartArt"按钮，打开"选择 SmartArt 图形"对话框。

（3）图中左侧列表中显示的是 Word 2013 提供的 SmartArt 图形类别，有列表、流程、循环、层次结构、关系等。单击某一种类别，会在对话框中间显示出该类别下的所有 SmartArt 图形的图例，单击某一图例，在右侧可以预览到该种 SmartArt 图形并在预览图的下方会有该图的文字介绍。

（4）选中合适的 SmartArt 图形的图例，单击"确定"按钮，即可在文档中插入相应的 SmartArt 图形。插入 SmartArt 图形后，在图形上添加文字即可。

当文档中插入组织结构图后，在功能区会显示用于编辑 SmartArt 图形的"设计"和"格式"选项卡，如图 2.15 所示，通过 SmartArt 工具可以为 SmartArt 图形进行添加新形状、更改大小、布局以及形状样式等的调整。

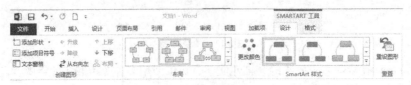

图 2.15　SmartArt 工具

请实际进行该操作，体会其功能。

掌握美化文档与图形编辑的方法，包括：

- 设置页面背景的方法；
- 图片与剪贴画的插入与编辑方法；
- 艺术字的编辑；
- 自选图形的绘制；
- 插入 SmartArt 图形；
- 文本框的编辑；
- 设置首字下沉的方法；
- 设置边框和底纹的方法。

掌握 Word 2013 文档的页面设置与打印，包括：

- 页面格式设置，如对文档所用纸型和页边距等进行设置；
- 分页、分节和分栏排版的方法；
- 设置页眉和页脚的方法；
- 插入页码的方法；
- 文档预览与打印等；
- 创建文档封面；
- 稿纸设置。

四、实验范例

1. 插入页眉和页脚

（1）打开"实验一"中的文档 AA.docx。

（2）单击"插入"选项卡"页眉和页脚"组中的"页眉"按钮，在弹出的下拉框中选择内置的页眉样式或者选择"编辑页眉"项。

（3）此时页眉位置内容突出显示，处于可编辑状态。在页眉中输入"计算机应用基础"。

（4）单击功能区"设计"选项卡"导航"组中"转至页脚"按钮，光标转至页脚位置，单击"插入"组中"日期和时间"按钮，在打开的"日期和时间"对话框中选中第 3 行格式"×年×月×日星期×"。

（5）单击功能区"设计"选项卡"页眉和页脚"组中"页码"按钮，在弹出的下拉框中选择"页面底端→普通数字 3"选项。在页面的右下角插入页码。

请同学们自己练习"页眉和页脚工具"功能区中的其他选项，如"首页不同""奇偶页不同""页眉顶端距离"等。

2. 使用"样式"

（1）样式的使用

分析：所谓"样式"，就是 Word 内部或用户命名并保存的一组文档字符或段落格式的组合。可以将一个样式应用于任何数量的文字和段落，如需更改使用同一样式的文字或段落的格式，只需更改所使用的样式，而不管文档中有多少这样的文字或段落，都可一次完成。

① 新建一个名为"样式. docx"的文档，在新文档中输入文字"样式的使用"。

② 单击"开始"选项卡上"样式"组中"标题 1"按钮，"样式的使用"几个字的字体、字号将自动改变成"标题 1"的设置格式。

③ 保存该文件，注意观察结果。

（2）样式的创建

分析：以"样式"框中的"标题 2"为基准标题，创建一个新的样式。

① 将光标置于"样式的使用"这句话的任意位置。

② 依次单击"开始"选项卡上"样式"组的下拉框中的"创建样式"，弹出"根据格式设置创建新样式"对话框。

③ 在"名称"栏内输入新建样式的名称"07 新建样式 1"，单击"修改"按钮，在打开的对话框中设置字体、字号、对齐方式等各项。

④ 单击"确定"按钮，"根据格式设置创建新样式"对话框消失。

⑤ 观察功能区"样式"组，这时可见"07 新建样式 1"已出现在"样式"框中了。新创建的样式就可以像其他样式一样使用了。

（3）样式的更改

分析：将样式"07 新建样式 1"由三号改为一号，由黑体改为宋体，再加上波浪线。

在"样式"栏内选中"07 新建样式 1"，单击右键，选"修改"命令项，屏幕上出现"修改样式"对话框。然后对原来的样式做想要的修改，如"字体""下画线"等。单击"确定"按钮，观察"样式"框的改变。

3. 拼写和语法

在 Word 中不但可以对英文进行拼写与语法检查，还可以对中文进行拼写和语法检查，这个功能大大减少了文本输入的错误率，使单词和语法的准确性更高。

为了能够在输入文本时 Word 自动进行拼写和语法检查，需要进行设置。方法是选择"文件"按钮面板中的"选项"命令，在打开的"word 选项"对话框中选择"校对"命令，然后单击"键入时检查拼写"和"键入时标记语法错误"选项前的复选框，决定是否进行语法或拼写错误检查。设置后，当 Word 检查到有错误的单词或中文时，就会用红色波浪线标出拼写的错误，用蓝色波浪线标出语法的错误。

注意

由于有些单词或词组有其特殊性，如在文档中输入"photoshop"就会认为是错误的，但事实上并非错误，因此，Word 拼写和语法检查后的错误信息，并非绝对就是错误，对于一些特殊的单词或词组仍可视为正确。

4. 插入图片

（1）打开文档 AA.docx。

（2）单击"插入"选项卡上"插图"组中"图片"按钮，在打开的"插入图片"对话框中选择事先准备好的图片。

（3）单击选中图片，按下鼠标左键拖曳图片，把图片移到合适的位置；把光标移到图片右下角的控制点上按下鼠标拖曳调整图片至适当大小。

（4）单击"格式"选项卡上"排列"组中"自动换行"按钮，在弹出的下拉框中选择"四周型环绕"，观察文档的变化。

（5）在"格式"选项卡上"图片样式"组中"样式"框中单击"圆形对角，白色"样式按钮，观察图片的变化。图片的设置效果如图 2.16 所示。

图 2.16　文档中插入图片的效果

请同学们自己动手尝试"格式"选项卡中其他功能按钮的作用，如"删除背景""艺术效果""图片效果""剪裁"等按钮，并观察图片的变化。

注意

　　　在文档中插入的其他图形对象，如自选图形、艺术字等，其格式的编辑设置和图片有很多相似之处，请同学们自己动手实践。

5. 设置页面背景及水印

（1）设置页面背景

① 打开文档 AA.docx。

② 单击"设计"选项卡上"页面背景"组中的"页面颜色"按钮，在弹出的下拉框中选择"填充效果"命令项，打开"填充效果"对话框。

③ 在"填充效果"对话框中选择"纹理"标签，单击"鱼类化石"纹理按钮。

④ 单击"确定"按钮，关闭"填充效果"对话框。观察文档的变化。

请同学们按照上述方法给文档设置"渐变""图案""图片"及单一颜色的背景，观察文档的变化。

（2）设置水印

① 打开文档 AA.docx。

② 单击"设计"选项卡上"页面背景"组中的"水印"按钮，在弹出的下拉框中选择"自定义水印"命令项，打开"水印"对话框。

③ 在"水印"对话框中选择"文字水印"。

④ 在"文字"文本框中输入"教学基本要求"，在"语言"下拉框中选择"中文（中国）"，在"字体"下拉框中选择"隶书"，在"字号"下拉框中选择"60"，在"颜色"下拉框中选择"红色"，"半透明"前的复选框中打勾，在"版式"项中选择"斜式"。

⑤ 单击"确定"按钮，关闭"水印"对话框。观察文档的变化。

一个实验做完后，请正常关闭系统，并认真总结实验过程和所取得的收获。

五、实验要求

任务一　在 Word 2013 "实验一"里"任务二"的基础上继续完成本次任务

【原文】

文字内容参见图 2.11 上的文字。

【操作要求】

（1）完成 Word 2013 "实验一"里"任务二"的操作要求。

（2）页面设置：B5 纸，各边距均为 1.8cm，不要装订线。

（3）最后一段加拼音注释。设为黑体小三号字，加粗，红色，下画线。

（4）页眉处输入自己的姓名、班级、学号，居中显示。页脚插入页码，居中显示。

（5）在所给文字的最后输入以下几个符号：

- Wingdings 字体里的　☺　☾　☎；
- Wingdings2 字体里的　☏　☚　✂　①；
- Times New Roman 字体里，子集"拉丁语-1"中：® ¥；
- 普通文本里，子集为"拉丁语-1"中的：¤ 。

（6）最后插入日期，不带自动更新，并且右对齐。

（7）把文字的第 1 段分成两栏，"偏左"，加分隔线。

（8）设置文档文字水印：文字为"计算机应用基础"，格式为"楷体、66、深蓝、半透明、斜式"。

（9）在 D 盘建立一个以自己名字命名的文件夹存放自己的 Word 文档作业，该作业以"自己的名字+学号的最后两位"命名。

任务二

【原文】

具体内容参见图 2.17 上的文字。

图 2.17　任务二样本

【操作要求】

制作表格，并编辑排版，得出图 2.17 所示的效果。

其中要求完成以下设置。

（1）标题是插入艺术字且居中，隶书 36 号字；正文文字是小四号宋体字；每段的首行有两个汉字的缩进。第 1 段 1.5 倍行距，其余单倍行距。

（2）纸张设置为 A4，上下左右边界均为 2 厘米。

（3）文档第 1 段分成两栏，加分隔线。

（4）文档有特殊修饰效果。包括首字下沉设置红色，文字中有不同的颜色、着重号边框和底纹、下画线等。

（5）样本上有插图，请插入任意两张图片，按样本格式改变其大小和位置，并设置为四周型环绕。第 1 张图片上插入文本框，文本框格式设为无填充颜色并加入样张文字说明。

（6）按样张格式在页眉处填写本人的院系、专业、班级、姓名、学号、考场号等信息，文字为小五号宋体，居中显示；在页脚处插入日期。

（7）表格名设置为小三号，字体为"华文彩云"表格中的文字是五号宋字，依照文字内容设置单元格对齐方式。表格四周边框线为双线、宽度为 0.5 磅，其余表格线的宽度为默认。表格底纹设置见样本。

（8）背景设为填充羊皮纸纹理。

第3章
电子表格 Excel 2013

本章通过 3 个实验——工作表的创建与格式编排、公式与函数的应用和数据分析与图表创建，由浅入深地讲解了 Excel 的操作。读者通过学习，可以掌握 Excel 的日常操作，利用 Excel 解决学习和生活中遇到的问题。

实验一　工作表的创建与格式编排

一、实验学时

2 学时。

二、实验目的

◇ 掌握 Excel 2013 的基本操作。
◇ 掌握 Excel 2013 各种类型数据的输入方法。
◇ 掌握数据的修改及编辑工作表的方法与步骤。
◇ 掌握数据格式化的方法与步骤。
◇ 掌握工作簿的操作，包括插入、删除、移动、复制、重命名工作表等。
◇ 掌握格式化工作表的方法。

三、相关知识

Excel 2013 是微软公司出品的 Office 2013 系列办公软件中的一个组件，可以用来制作电子表格、完成许多复杂的数据运算、进行数据的统计和分析等，并且具有强大的制作图表的功能。Excel 2013 为用户提供了全新的使用起始界面，并有丰富的模板，能帮助用户快速完成大多数设置和设计工作。

当建立工作表时，所有的单元格都采用默认的常规格式。在输入数值时，如果数字的长度超过单元格的宽度，Excel 将自动使用科学计数法来表示输入的数字。如输入"123456789"时，Excel 会在单元格中用"1.23E+08"来显示该数字。

在电子表格中的文字通常是指字符或者任何数字和字符的组合。输入到单元格内的任何字符集，只要不被系统解释为数字、公式、日期、时间、逻辑值，那么 Excel 一律将其视为文字。而对于全部由数字组成的字符串，可以通过在其之前添加字符"'"的方法来区分"数字字符串"和"数字型数据"。

在输入表格的数据时，可能有时会输入许多相同的内容，如性别、年份等；有时还会输入一些等差序列或等比序列，如编号等；当然也可以输入自定义的序列，对于输入这些内容的操作，可以选用 Excel 2013 的"填充功能"来完成，使问题变得容易。在 Excel 2013 中提供了"快速填充"功能，能根据智能提取规则检测用户当前进行的工作，并从数据中进行识别，一次性输入剩余数据。

在制作工作表的过程中，还要对工作表进行格式化操作，这样有助于制作出更为醒目和美观的工作表。

1. Excel 2013 的基本功能与启动退出

（1）Excel 2013 的主要功能包括表格制作、数据运算、数据管理、建立图表等。

（2）Excel 2013 的启动和退出方法。

① 启动。启动 Excel 2013，可以用下列补充之一。

a. 选择菜单命令"开始→所有程序→Microsoft Office 2013→Excel 2013"，即可启动 Excel 2013。

b. 双击任意一个 Excel 文件，Excel 2013 就会启动并且打开相应的文件。

c. 双击桌面快捷方式也可启动 Excel 2013。

② 退出。退出 Excel 2013，可以用下列方法之一。

a. 单击标题栏左上角的系统图标，选择"关闭"命令。

b. 按下【Alt】+【F4】组合键。

c. 单击 Excel 2013 标题栏右上角的"关闭"按钮 × 。

（3）Excel 2013 的窗口组成：快速访问工具栏、标题栏、选项卡、功能区、帮助按钮、名称框、编辑栏、编辑窗口、状态栏、滚动条、工作表标签、视图按钮以及显示比例等。

2. Excel 2013 的基本操作

（1）文件操作

① 建立新工作簿：启动 Excel 2013 后，直接在起始窗口中选择"空白工作簿"即可创建一个空白工作簿，若需要创建其他模板类型的工作簿，单击选择模板类型后单击"创建"按钮即可。

② 打开已有工作簿：如果要对已存在的工作簿进行编辑，就必须先打开该工作簿。单击"文件→打开"命令，或者单击"快速访问工具栏"上的"打开"按钮 将显示打开文件操作窗口，通过"最近使用的工作簿"可以打开最近使用过的工作簿，通过单击"计算机"，可以在右侧选择打开最近打开的文件夹中的文件，也可以通过"浏览"按钮选择打开文件，如图 3.1 所示。

图 3.1　打开文件操作窗口

③ 保存工作簿：当完成对一个工作簿文件的建立、编辑后，就可将文件保存起来，若该文件已保存过，可直接单击"保存"按钮 将工作簿保存起来。若为一新文件，将会显示保存文件操作窗口，如图 3.2 所示，可将文件保存在最近访问的文件夹中，也可以单击"浏览"按钮选择

文件的保存位置，在之后显示的"另存为"对话框中输入新文件名后单击"保存"按钮。

图 3.2　新文件保存操作窗口

④ 关闭工作簿：单击"文件→关闭"命令，如果有没有保存的操作，系统将会显示对话框询问用户是否进行保存。

（2）选定单元格操作

① 选定单个单元格。

② 选定连续或不连续的单元格区域。

③ 选定行或列。

④ 选定所有单元格。

（3）工作表的操作

① 选定工作表：选定单个工作表、多个工作表、全部工作表。

② 工作表重命名。

③ 移动、复制、插入、删除工作表。

（4）输入数据

① 文本、数值的输入。

② 日期和时间的输入。

③ 批注的输入。

④ 自动填充数据。

⑤ 自定义序列。

3．编辑工作表

（1）编辑和清除单元格中的数据。

（2）移动和复制单元格。

（3）插入单元格以及行和列。

（4）删除单元格以及行和列。

（5）查找和替换操作。

（6）给单元格加批注。

（7）命名单元格。

（8）拆分工作表与冻结。

4．格式化工作表

（1）设置字符、数字、日期以及对齐格式。

（2）调整行高和列宽。

（3）设置边框、底纹和颜色。

5. 使用条件格式

条件格式可以根据条件更改单元格区域的外观，有助于突出显示所关注的单元格或单元格区域，强调异常值，使用数据条、颜色刻度和图标集来直观地显示数据。

6. 套用表格格式

Excel 2013 中提供了一些已经制作好的表格格式，制订报表时，可以套用这些格式，制作出既漂亮又专业化的表格。

7. 使用单元格样式

要在一个步骤中应用几种格式，并确保各个单元格格式一致，可以使用单元格样式。单元格样式是一组已定义的格式特征，如字体和字号、数字格式、单元格边框和单元格底纹。

（1）应用单元格样式。

（2）创建自定义单元格样式。

四、实验范例

1. 启动 Excel 2013 窗口。（启动 Excel 2013 有多种方法，请思考并实际操作一下看看。）

2. 认识 Excel 2013 的窗口构成，主要包括 Excel 2013 功能区、选项卡、组和对话框。

3. 熟悉 Excel 2013 各个选项卡的组成。

4. Excel 文件的建立与单元格的编辑。建立"学生成绩表"，如表 3.1 所示。

表 3.1　　　　　　　　　　　　　学生成绩表

姓　　名	课　程　名　称				平　均　成　绩
	高 等 数 学	英　　语	程 序 设 计	汇 编 语 言	
王　阳	89	92	95	96	
李　伟	78	89	84	88	
杨　方	67	74	83	79	
孙　涛	86	87	95	89	
郑　巍	53	76	69	76	
徐　鹏	69	86	59	77	

建立学生成绩表的操作步骤如下。

（1）建立工作表

① 录入数据。双击工作表标签"Sheet1"，输入新名称"学生成绩表"覆盖原有名称，将表头、记录等数据输入到表中。选中 B1 至 E1 的单元格区域，将这几个单元格合并居中，同样的方法将 A1 至 A2、F1 至 F2 合并居中。合并后的表如图 3.3 所示。

② 输入标题，设置工作表格式。单击工作表左侧的行标"1"选中首行，之后单击鼠标右键，在弹出菜单中选择"插入"项，在表的最上方插入一行。将 A1 至 G1 的单元格合并居中，然后输入标题"学生成绩表"，设置标题字体为"楷体""蓝色""22"。

③ 在表中"平均成绩"列的右侧添加列标题"总成绩"，并设置单元格 G2 至 G3 合并居中。

部分单元格调整设置后的工作表如图 3.4 所示。

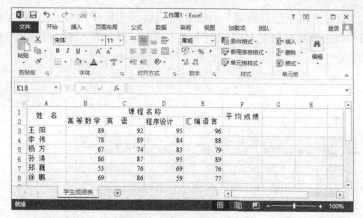

图 3.3　录入数据示意图

图 3.4　格式调整后的工作表

（2）格式化表格

通过鼠标拖曳选择区域 A2：G9，单击"开始"选项卡"字体"组右下角的对话框启动按钮 ，弹出如图 3.5 所示的"设置单元格格式"对话框，在这个对话框中有"数字""对齐""字体"等 6 个选项卡，可以通过这些选项卡中的设置选项来给所选择区域设置字体、添加边框、底纹等。

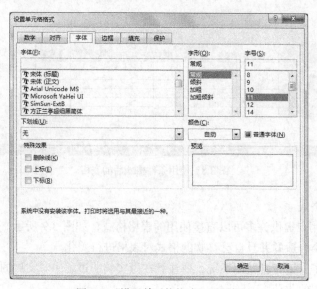

图 3.5　"设置单元格格式"对话框

在图 3.5 所示的对话框中进行设置，将表格中内容设为居中对齐、字体设为仿宋并为表格加上外框线和内部框线。再将行标题和列标题中文字进行字体加粗设置，并添加适当的底纹，完成后效果如图 3.6 所示。

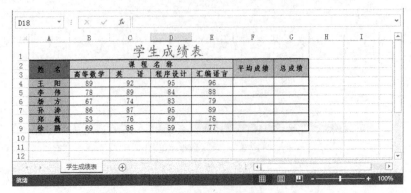

图 3.6　格式化后的表格

（3）使用条件格式

选中区域 B4：E9，单击"开始→条件格式→突出显示单元格规则→小于"，将显示条件格式设置"小于"对话框，在左侧文本框中输入 60，右侧保持默认设置，如图 3.7 所示。设置完成后单击"确定"按钮，此时可看到工作表中的成绩区域中不及格的单元格已被突出显示，如图 3.8 所示。

图 3.7　条件格式设置"小于"对话框

图 3.8　使用条件格式后的表格

（4）套用表格格式

Excel 2013 为用户提供许多可以直接使用的表格格式，如图 3.9 所示。在完成表格输入后，也可以直接选择一个合适的并且自己喜欢的格式对表格进行美化。

一个实验做完了，请正常关闭系统，要注意在做实验的过程中对文件的保存操作，并认真总结实验过程和所取得的收获。

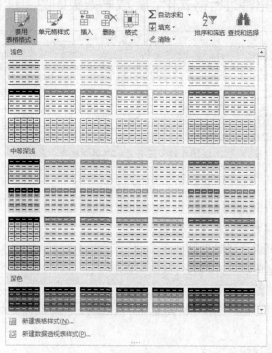

图 3.9　表格格式

五、实验要求

任务一　制作表格并进行格式化，完成后效果如图 3.10 所示。

学号	姓名	课程名称				总成绩
		物理	外语	高数	计算机	
2004401118	王国朋	60	45	43	54	
2005401101	曹子建	95	82	81	78	
2005401104	杜再翼	92	63	79	98	
2005401105	段长伟	95	57	78	67	
2005401107	郭树堂	53	55	77	89	
2005401108	郭晓宇	58	57	85	65	
2005401110	何栋	81	77	59	78	
2005401111	侯超强	75	81	49	76	
2005401113	黄小伟	40	44	84	87	
2005401117	李鹏	83	49	77	73	

成绩统计表

图 3.10　任务一表格效果图

【操作要求】

（1）标题：合并且居中，仿宋，字号大小为 22，红色，加粗。

（2）表头：宋体，11 号字，深蓝色，居中，加粗。

（3）所有的单元格都设置成居中显示方式。

（4）不及格分数设置为红色、加粗、单下画线。

（5）表格内框线设为细线，外框线设为粗线。（注意使用多种方法，即可以用"开始"选项卡里"字体"组中的"框线"下拉框进行设置，也可以用"笔"选好线型直接画出，请实际操作，自己练习。）

（6）为表格表头设置橙色底纹，数据单元格设置为浅绿色底纹。

任务二　制作表格并进行格式化，完成后效果如图 3.11 所示。

学生信息表							
学号	姓名	院系	专业	性别	年龄	宿舍号	宿舍电话
20140106001	李文亮	控制工程	自动化	男	18	2#201	63551234
20140106002	张金科	控制工程	自动化	男	19	2#201	63551234
20140106003	贺俊霖	控制工程	自动化	女	19	3#306	63551258
20140106004	张红霞	控制工程	电器	女	18	3#307	63551259
20140106005	张俊玲	控制工程	电器	女	18	3#307	63551259
20140108001	张庆红	计算机	软件工程	男	19	2#506	63551246
20140108002	韩永军	计算机	软件工程	男	19	2#506	63551246
20140108003	张敬伟	计算机	软件工程	男	18	2#506	63551246

图 3.11　任务二表格效果图

【操作要求】

（1）标题：合并且居中，黑体，16 号字，加粗，红色。

（2）表头：宋体，12 号字，居中，加粗。

（3）所有的单元格都设置成居中显示方式。

（4）各列数据用合适的填充方式进行数据填充。

（5）内框线用细线描绘，外框线用粗框线勾出。

（6）将"性别"列为"女"的单元格设置成"浅红填充色深红色文本"，为"男"的单元格设置成"绿填充色深绿色文本"。

（7）为表格表头设置浅绿色底纹。

实验二　公式与函数的应用

一、实验学时

2 学时。

二、实验目的

◇　掌握单元格相对地址与绝对地址的应用。

◇　掌握公式的使用。

◇　掌握常用函数的使用。

◇　掌握"插入函数"对话框的操作方法。

三、相关知识

在 Excel 中，公式是对工作表中的数据进行计算操作最为有效的手段之一。在工作表中输入数据后，运用公式可以对表格中的数据进行计算并得到需要的结果。而函数实际上是一些预定义的公式，使用函数进行计算可以大大简化公式的输入过程，只需设置函数的必要参数即可进行正确的计算。

在 Excel 中使用公式和函数都是以等号开始的，在单元格中录入公式或函数后，Excel 会自动计算结果，并将其显示在相应的单元格中。

1. 单元格引用类型

在使用公式和函数时，可以引用本工作簿或其他工作簿中任何单元格区域的数据，此时在公式和函数中要输入的是单元格区域地址。引用后，计算结果的值会随着被引用单元格的值的变化而变化。

单元格地址根据被复制到其他单元格时是否改变，可分为相对引用、绝对引用和混合引用 3 种类型。

（1）相对引用。相对引用是指当前单元格与公式或函数所在单元格的相对位置。运用相对引用，当公式或函数所在单元格的位置发生改变时，引用也随之改变。列号与行号的组合即为该单元格的相对引用地址格式，如 B5 和 C5。

（2）绝对引用。绝对引用指向工作表中固定位置的单元格，它的位置与包含公式或函数的单元格无关。如果在列号与行号前面均加上 "$" 符号就代表该单元格的绝对引用地址格式，如$B$2 和$C$2。

（3）混合引用。混合引用是指在一个单元格地址中，用绝对列和相对行，或者相对列和绝对行，如$A1 或 A$1。当含有公式或函数的单元格因复制等原因引起行、列引用的变化时，相对引用部分会随着位置的变化而变化，而绝对引用部分不随位置的变化而变化。

2. 同一工作簿不同工作表的单元格引用

要在公式或函数中引用同一工作簿不同工作表的单元格内容，则需在被引用的单元格或区域前注明其所在的工作表名。具体引用格式：被引用的工作表名称! 被引用的单元格地址。例如，要以相对引用形式引用工作表 Sheet5 中的 D2 单元格，表达式为 "Sheet5!D2"。

在输入单元格引用地址时，除了可以使用键盘输入外，还可以使用鼠标直接进行操作。仍以上面单元格引用为例，首先打开目的工作表并选取目的单元格，输入 "="，单击 Sheet5 工作表标签，再单击 D2 单元格，按【Enter】键完成输入，此时目的单元格的编辑栏中将显示 "=Sheet5!D2"。一般来讲，使用鼠标选取引用方式时，Excel 均默认为是单元格的相对引用。

3. 不同工作簿的单元格引用

要在公式或函数中引用其他工作簿中的单元格内容，则需在被引用的单元格或区域前注明其所在的工作簿名和工作表名。具体引用格式：[被引用的工作簿名称]被引用的工作表名称! 被引用的单元格地址。例如，要以相对引用形式引用工作簿 Book1 中工作表 Sheet1 中的 A5 单元格，表达式为 "[Book1.xlsx]Sheet1!A5"。

4. 公式

（1）输入公式：单击要输入公式的单元格，在单元格中首先必须输入一个等号，然后输入所要的公式，最后按【Enter】键。Excel 2013 会自动计算公式表达式的结果，并将其显示在相应的单元格中。

（2）单元格的引用：单元格的引用分为相对引用、绝对引用和混合引用。

5. 函数

函数是一些预先定义好的特殊公式，运用一些称为参数的特定的顺序或结构进行计算，然后返回一个值。

（1）函数的分类：Excel 2013 提供了财务函数、统计函数、日期与时间函数、查找与引用函数、数学与三角函数等多类函数。一个函数包含等号、函数名称、函数参数 3 部分。函数的一般使用格式为 "=函数名（参数）"。

（2）函数的输入：有两种方法，一种是在单元格中直接输入函数，另一种是使用 "插入函数" 对话框插入函数。

（3）常用函数的使用：常用函数包括 SUM 函数、AVERAGE 函数、MAX 函数、MIN 函数、COUNT 函数、COUNTIF 函数、IF 函数、RANK 函数等。

在使用公式和函数对单元格进行引用时，除了要考虑到单元格的地址引用类型，还要考虑单元格所在的位置，既是对同一工作簿同一工作表的单元格引用，还是对同一工作簿不同工作表的单元格引用，还是对不同工作簿的单元格引用。

四、实验范例

制作如图 3.12 所示表格。

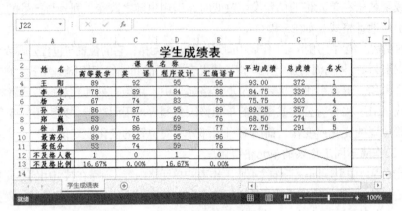

图 3.12　实验范例表格

操作步骤如下。

（1）制作标题：A1 单元格中输入"学生成绩表"，将其设置成黑体，加粗，18 号，然后将 A1 至 H1 单元格合并并居中。

（2）基本内容的输入：输入 A2：A13 区域、B2：E9 区域中各个单元格的内容。注意：其中部分单元格需要合并。

（3）函数的应用。利用函数求得各单元格中所需数据。

① 求平均成绩。选中 F4 单元格，输入"= AVERAGE(B4:E4)"，按下【Enter】键，计算出第一位同学的平均成绩。利用填充柄拖动至单元格 F9，计算出其余人的平均成绩。选中区域 F4：F9，设置为数值格式，小数点后保留两位有效数字。

② 求总成绩。选中 G4 单元格，输入"= SUM(B4:E4)"，按下【Enter】键，计算出第一位同学的总成绩。利用填充柄拖动至单元格 G9，计算出其余人的总成绩。

③ 求名次。计算每位同学的总成绩排名要使用 Rank 函数，在这个函数的参数设置时需要使用到绝对引用的地址形式。选中 H4 单元格，输入"=RANK(G4,$G$4:$G$9)"，按下【Enter】键，计算出第一位同学的名次。利用填充柄拖动至单元格 H9，计算出其余人的名次。

④ 求最高分。选中 B10 单元格，输入"=MAX(B4:B9)"，按下【Enter】键，计算出高等数学的最高分。利用填充柄拖动至单元格 E10，计算出其余科目的最高分。

⑤ 求最低分。选中 B11 单元格，输入"=MIN(B4:B9)"，按下【Enter】键，计算出高等数学的最低分。利用填充柄拖动至单元格 E11，计算出其余科目的最低分。

⑥ 求不及格人数。选中 B12 单元格，输入"=COUNTIF(B4:B9,"<60")"，按下【Enter】键，计算出高等数学的不及格人数。利用填充柄拖动至单元格 E12，计算出其余科目的不及格人数。

⑦ 求不及格比例。选中 B13 单元格，输入"=B12/COUNT(B4:B9)"，按下【Enter】键，计算出高等数学的不及格比例。利用填充柄拖动至单元格 E13，计算出其余科目的不及格比例。选中区域 B13：E13，设置为百分比格式，小数点后保留两位有效数字。

（4）给表格加上相应的边框，将所有单元格设置为居中对齐方式，不及格的成绩突出显示。

一个实验做完后，请正常关闭系统，并认真总结实验过程和所取得的收获。

五、实验要求

任务一　制作表格并进行计算，完成后效果如图 3.13 所示。

成绩登记册

序号	姓名	性别	英语	计算机	高数	总分	是否及格（英语）	排名（总分降序）
1	陈俊羽	女	81	90	74	245	是	3
2	董宏哲	男	63	71	79	213	是	6
3	冯潇雯	男	72	82	81	235	是	5
4	付慧琳	女	54	89	55	198	否	9
5	葛喜锋	男	79	75	82	236	是	4
6	郭海珠	女	26	54	67	147	否	10
7	韩京京	女	37	69	98	204	否	8
8	李波	男	82	73	51	206	是	7
9	李德彦	男	85	98	84	267	是	1
10	李豪	男	98	74	76	248	是	2
平均分			67.7	77.5	74.7			
最高分			98	98	98			
最低分			26	54	51			
90~100人数			1	2	1			
80~89人数			3	3	3			
70~79人数			2	4	3			
60~69人数			1	1	1			
60分以下人数			3	1	2			
优秀率（大于90分为优秀）			10%	20%	10%			

图 3.13　任务一表格效果图

【操作要求】

将工作表命名为"成绩册"，在完成表格计算时，要求平均分、总分、排名、最高分、最低分、各成绩段人数等都要用函数完成计算，要熟练掌握 SUM 函数、AVERAGE 函数、MAX 函数、MIN 函数、COUNT 函数、COUNTIF 函数、IF 函数以及 RANK 函数的应用。

任务二　掌握同一工作簿不同工作表的单元格引用的方法。

【操作要求】

（1）打开任务一所建立的工作簿文件，并为其添加一张工作表，更改名称为"学生信息"。在工作表中录入数据，完成后如图 3.14 所示。

图 3.14　"学生信息"表

（2）将"成绩册"工作表中的"序号"列的内容替换为"学生信息"工作表中"学号"列的内容，要求通过数据引用的方式获得。

（3）在"成绩册"工作表中的"英语"列前增加新列，列名为"班级"，该列数据同样要求以数据引用的方式从"学生信息"工作表中的相应列获得。

（4）调整表格，进行单元格的合并等，完成后效果如图 3.15 所示。

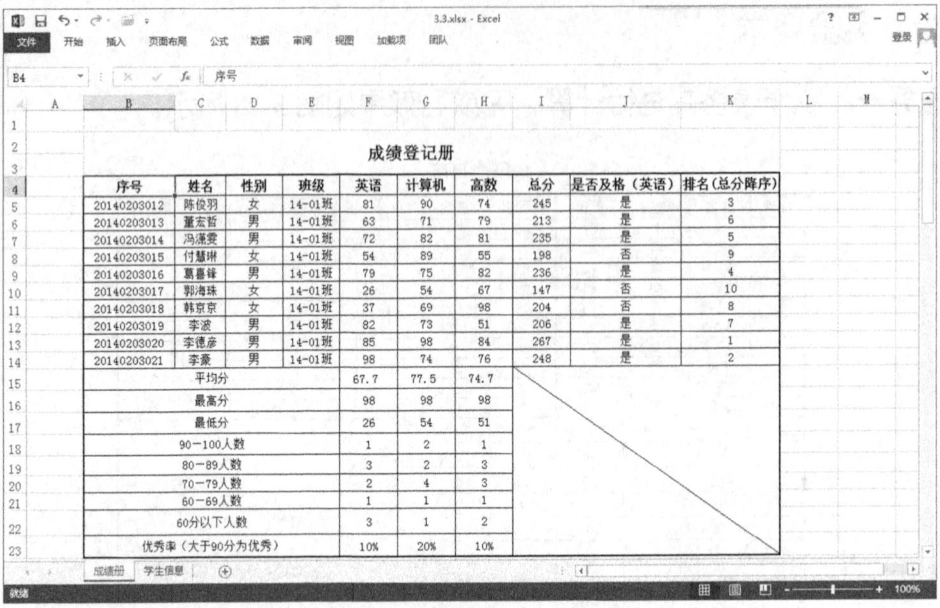

图 3.15　任务二表格效果图

实验三　数据分析与图表创建

一、实验学时

2 学时。

二、实验目的

◇　掌握快速排序、复杂排序及自定义排序的方法。
◇　掌握自动筛选、自定义筛选和高级筛选的方法。
◇　掌握分类汇总的方法。
◇　掌握合并计算的方法。
◇　掌握各种图表，如柱形图、折线图、饼图等的创建方法。
◇　掌握图表的编辑及格式化的操作方法。
◇　掌握快速突显数据的迷你图的处理方法。
◇　掌握 Excel 文档的页面设置的方法与步骤。
◇　掌握 Excel 文档的打印设置及打印方法。

三、相关知识

Excel 不仅具有强大的数据计算功能，还具有数据分析和统计功能，还可以通过图表、图形等多种形式形象地显示处理结果，帮助用户轻松制作各类功能的电子表格。

1．数据管理

Excel 提供了强大的数据管理功能，可以运用数据的排序、筛选、分类汇总、合并计算和数据透视表等各项处理操作功能，实现对复杂数据的分析与处理。

（1）数据排序

① 快速排序。如果要按某列对工作表进行快速排序，只需选中该列中的任意一个单元格，然后单击"数据"选项卡下"排序和筛选"组中的升序按钮 或降序按钮 ，则工作表中的数据就会按所选字段为排序关键字进行相应的排序操作。

② 复杂排序。通过设置"排序"对话框中的多个排序条件对工作表中的数据进行排序。首先按照主关键字排序，对于主关键字相同的记录，则按次要关键字排序，若记录的主关键字和次要关键字都相同时，才按第三关键字排序。排序时，如果要排除第一行的标题行，则选中"数据包含标题"复选框，如果数据表没有标题行，则不选"数据包含标题"复选框。

③ 自定义排序。根据自己的特殊需要进行自定义的排序方式。

（2）数据筛选

数据筛选的主要功能是将符合要求的数据集中显示在工作表上，不符合要求的数据暂时隐藏，从而从工作表中检索出有用的数据信息。Excel 2013 中常用的筛选方式有如下几种。

① 自动筛选。进行简单条件的筛选。

② 自定义筛选。提供多条件定义的筛选，在筛选工作表时更加灵活。

③ 高级筛选。以用户设定的条件对工作表中的数据进行筛选，可以筛选出同时满足两个或两个以上条件的数据。

（3）分类汇总

在对数据进行排序后，可根据需要进行简单分类汇总和多级分类汇总，以达到按类别进行相关统计的功能。

2．图表创建与编辑

（1）图表创建

为使表格中的数据关系更加直观，可以将数据以图表的形式表示出来。通过创建图表可以更加清楚地了解各个数据之间的关系和数据之间的变化情况，方便对数据进行对比和分析。根据数据特征和观察角度的不同，Excel 提供了包括柱形图、折线图、饼图、条形图、面积图、*XY* 散点图、股价图等多类图表类型供用户选用，每一类图表又有若干个子类型。

在 Excel 中，无论建立哪一种图表，都只需选择图表类型、图表布局和图表样式，便可以很轻松地创建具有专业外观的图表。

（2）图表编辑

选中已经创建的图表，在 Excel 窗口原来选项卡的位置右侧增加了"图表工具"选项卡，并提供了"设计"和"格式"选项卡，以方便对图表进行更多的设置与美化。

① "设计"选项卡。

- 图表的数据编辑。
- 数据行/列之间快速切换。
- 选择放置图表的位置。
- 图表类型与样式的快速改换。
- 添加图表元素，如图表标题、坐标轴标题、图例等。
- 快速更改图表布局。

② "格式"选项卡。

- 对图表进行插入形状设置。
- 设置图表中各元素的形状格式和文本格式。
- 更改图表大小。

（3）快速突显数据的迷你图

Excel 2013 中仍然具有"迷你图"功能，利用迷你图可以仅在一个单元格中绘制出简洁、漂亮的小图表，并且数据中潜在的价值信息也可以醒目地呈现在屏幕之上。

3. 打印工作表

完成对工作表的数据输入、编辑和格式化工作后，就可以打印工作表了。在 Excel 中表格的打印设置与 Word 文档中的打印设置有很多相同的地方，但也有不同的地方，如打印区域的设置、页眉和页脚的设置、打印标题的设置及打印网格线和行号、列号等。

如果只想打印工作表某部分数据，可以先选定要打印输出的单元格区域，再在打印设置时选择"打印选定区域"，执行打印命令后，就可以实现只打印被选定的内容了。

如果想在每一页重复地打印出表头，可以通过单击"页面布局"选项卡"页面设置"组中右下角的对话框启动按钮打开"页面设置"对话框，切换到该对话框的"工作表"选项卡，在"打印标题"区的"顶端标题行"或"左端标题列"编辑栏输入或用鼠标选定要重复打印输出的行标题或列标题，如图 3.16 所示。

打印输出之前需要先在图 3.16 所示的"页面设置"对话框中进行页面设置，再进行打印预览，当对编辑的效果感到满意时，就可以正式打印工作表了。

图 3.16 "页面设置"对话框

四、实验范例

制作如图 3.17 所示的教师信息表，从中筛选出年龄在 20～30 岁之间的计算机专业研究生以及外语专业的副教授和所有文化程度为本科的人员的信息。之后以"姓名"和"年龄"列为数据区制作三维簇状柱形图，并对图表进行编辑，完成后如图 3.18 所示。

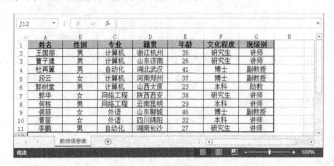

图 3.17 教师信息表

操作步骤如下。

（1）新建一个 Excel 文件，输入图 3.17 所示的电子表格数据。

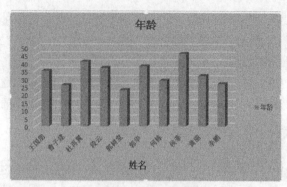

图 3.18　图表效果图

（2）在表格的上方连续插入 4 个空行，在 A1:E4 区域中输入高级筛选条件，如图 3.19 所示。

	A	B	C	D	E	F	G
1	专业	年龄	年龄	文化程度	现级别		
2	计算机	>20	<30	研究生			
3	外语				副教授		
4				本科			
5	姓名	性别	专业	籍贯	年龄	文化程度	现级别
6	王国朋	男	计算机	浙江杭州	35	研究生	讲师
7	曹子建	男	计算机	山东济南	26	研究生	讲师
8	杜再翼	男	自动化	湖北武汉	41	博士	副教授
9	段云	女	计算机	河南郑州	37	博士	副教授
10	郭树堂	男	计算机	山西太原	23	本科	助教
11	郭华	女	网络工程	陕西西安	38	研究生	讲师
12	何栋	男	网络工程	云南昆明	29	本科	讲师
13	侯菲	女	外语	山东聊城	46	副教授	副教授
14	黄丽	女	外语	四川绵阳	32	本科	讲师
15	李鹏	男	自动化	湖南长沙	27	研究生	讲师

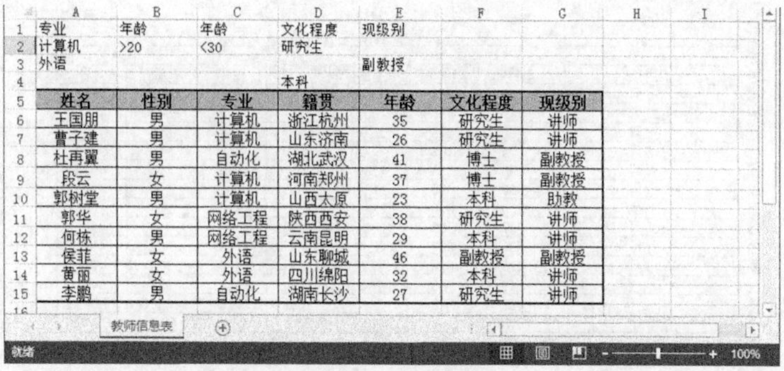

图 3.19　输入高级筛选条件

（3）选择数据区 A5：G15，单击“数据”选项卡“排序和筛选”组中的“高级”按钮，弹出“高级筛选”对话框，在“方式”选项区域中选择“将筛选结果复制到其他位置”，确认“列表区域”所显示的单元格区域无误后，单击“条件区域”文本框右边的折叠对话框按钮，将对话框折叠起来，然后在工作表中选定条件区域 A1：E4，再单击展开对话框按钮，返回到“高级筛选”对话框；同样的方式指定“复制到”为工作表中的单元格 A17，设置完成后如图 3.20 所示，单击“确定”按钮关闭对话框。

（4）完成高级筛选后的工作表如图 3.21 所示。仔细观察结果，体会筛选功能。

图 3.20　“高级筛选”对话框

	A	B	C	D	E	F	G
1	专业	年龄	年龄	文化程度	现级别		
2	计算机	>20	<30	研究生			
3	外语				副教授		
4				本科			
5	姓名	性别	专业	籍贯	年龄	文化程度	现级别
6	王国朋	男	计算机	浙江杭州	35	研究生	讲师
7	曹子建	男	计算机	山东济南	26	研究生	讲师
8	杜再翼	男	自动化	湖北武汉	41	博士	副教授
9	段云	女	计算机	河南郑州	37	博士	副教授
10	郭树堂	男	计算机	山西太原	23	本科	助教
11	郭华	女	网络工程	陕西西安	38	研究生	讲师
12	何栋	男	网络工程	云南昆明	29	本科	讲师
13	侯菲	女	外语	山东聊城	46	副教授	副教授
14	黄丽	女	外语	四川绵阳	32	本科	讲师
15	李鹏	男	自动化	湖南长沙	27	研究生	讲师
16							
17	姓名	性别	专业	籍贯	年龄	文化程度	现级别
18	曹子建	男	计算机	山东济南	26	研究生	讲师
19	郭树堂	男	计算机	山西太原	23	本科	助教
20	何栋	男	网络工程	云南昆明	29	本科	讲师
21	侯菲	女	外语	山东聊城	46	副教授	副教授
22	黄丽	女	外语	四川绵阳	32	本科	讲师

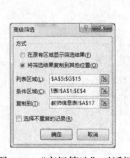

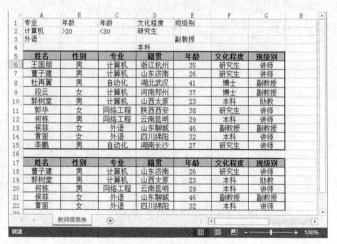

图 3.21　高级筛选结果

（5）制作图表。选择"姓名"列后，按下【Ctrl】键继续通过鼠标拖动选择"年龄"列，之后切换到"插入"选项卡，单击"图表"组中的"插入柱形图"下的"三维簇状柱形图"，可以看到一个图表已经插入到工作表中。

（6）编辑图表。选中图表，利用"图表工具"设置图表的坐标轴标题、图例以及填充色等。

一个实验做完后，请正常关闭系统，并认真总结实验过程和所取得的收获。

五、实验要求

从不同角度分析、比较图表数据，根据不同的管理目标选择不同的图表类型进行分析。

操作步骤如下。

（1）启动 Excel 2013，编辑如图 3.22 所示的表格数据，将该表命名为"产品销量表"。其中"合计"列要求用函数求出。

月份	电视机	电冰箱	空调	热水器	冰柜	电暖器	合计
			产品销量情况表				
							单位：件
一月	678	564	895	786	765	789	4477
二月	879	456	1002	985	678	564	4564
三月	765	378	870	675	765	655	4108
四月	674	765	980	584	554	220	3777
五月	980	563	1200	598	578	120	4039
六月	690	675	1125	765	877	257	4389
七月	880	876	1356	784	675	212	4783
八月	987	569	1007	568	678	267	4076
九月	786	667	897	685	776	567	4378
十月	878	874	987	609	674	754	4776
十一月	949	923	789	904	864	975	5404
十二月	987	878	908	865	776	985	5399
合计	10133	8188	12016	8808	8660	6365	54170

图 3.22　产品销量表

（2）利用"图表向导"制作图表，进行分析。

现在根据下述要求变换图表类型进行数据分析。

① 分析比较一年来各个月份各种产品的销量。选中表格中除"合计"行和列的所有数据，即选定区域 A3:G15。单击"插入"选项卡"图表"组中相应的图表类型即可完成图表的插入，例如，依次单击"插入"选项卡、"图表"组、"插入柱形图"按钮，在下拉列表中选择"二维柱形图"中的"簇状柱形图"，结果如图 3.23 所示。可以利用之前介绍的方法对图表进行编辑，根据图表即可对各个月份不同产品销售情况进行分析比较。

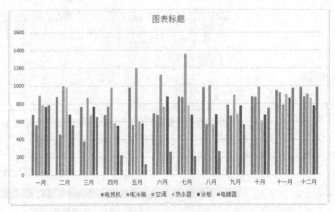

图 3.23　各个月份各种产品销量对比柱形图

② 分析比较各种产品一年来各月的销量。选中图 3.23 所示的图表，再依次单击"图表工具"中的"设计"选项卡"数据"组中"切换行/列"按钮，即可得出各种产品在各个月份的销量情况，结果如图 3.24 所示。根据图表即可对各种产品各月的销售情况进行分析比较。

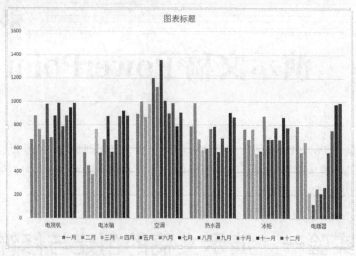

图 3.24　各种产品各月销量对比柱形图

（3）对数据进行筛选显示。例如，只显示 12 个月中销量合计超过 5 000 件的月份；或者筛选出空调销量超过 1 000，电冰箱销量超过 600 的月份。请试着实际操作，观察结果。

第4章
演示文稿 PowerPoint 2013

本章主要讲解了 PowerPoint 的常用操作，通过演示文稿的创建与修饰、动画效果设置两个实验，引导读者由易到难地掌握 PowerPoint 的操作。通过本章的学习，读者可以制作具有一定质量和实用性的 PPT 以满足实际需要。

实验一　演示文稿的创建与修饰

一、实验学时

2 学时。

二、实验目的

◇ 掌握演示文稿的创建与编辑。
◇ 掌握演示文稿中的文字及图片的插入与编辑。
◇ 掌握页眉和页脚的设置。
◇ 掌握模板和母版的使用。
◇ 掌握超链接的使用。
◇ 掌握演示文稿放映方式的设置。

三、相关知识

PowerPoint 是一款专门用来制作演示文稿的应用软件，也是 Microsoft Office 系列软件中的重要组成部分。使用 PowerPoint 可以制作出集文字、图形、图像、声音以及视频等多媒体元素为一体的演示文稿，让信息以更轻松、更高效的方式表达出来。

PowerPoint 2013 在继承了旧版本优秀特点的同时，还加入了不少新的功能亮点，使用起来更加直观和便捷，如鼠标和触摸模式切换、自动记忆位置、取色器、合并形状以及更多的页面切换动画等。

1. PowerPoint 2013 的基本功能与启动退出

（1）PowerPoint 2013 的主要功能：演示文稿制作、动画创建、超级链接及模板的使用、幻灯片切换以及放映方式的设置等。

（2）PowerPoint 2013 的启动和退出方法。

① 启动。启动 PowerPoint 2013，可以使用下列方式之一。

a. 选择菜单命令"开始→所有程序→Microsoft Office 2013→PowerPoint 2013",即可启动 PowerPoint 2013。

b. 双击任意一个 PowerPoint 文件,PowerPoint 2013 就会启动并且打开相应的文件。

c. 双击桌面快捷方式也可启动 PowerPoint 2013。

② 退出。

退出 PowerPoint 2013,可以用下列方法之一。

a. 单击标题栏左上角的系统图标,选择"关闭"命令。

b. 按下【Alt】+【F4】组合键。

c. 单击 PowerPoint 2013 标题栏右上角的"关闭"按钮 × 。

(3) PowerPoint 2013 的窗口组成:快速访问工具栏、标题栏、选项卡、功能区、帮助按钮、幻灯片浏览窗格、幻灯片编辑窗格、滚动条、状态栏、视图按钮以及显示比例等。

2. PowerPoint 2013 的基本操作

(1) 创建演示文稿

创建演示文稿一般采用根据模板创建和空白演示文稿创建两种方式。用模板建立演示文稿,可以采用系统提供的不同风格的设计模板;用空白演示文稿的方式创建演示文稿,用户可以不拘泥于模板的限制,发挥自己的创造力制作出独具风格的演示文稿。

启动 PowerPoint 2013 后,将会显示如图 4.1 所示的起始窗口,用户可以选择"空白演示文稿"创建一个空白演示文稿,也可以选择任意一个模板来创建新演示文稿。

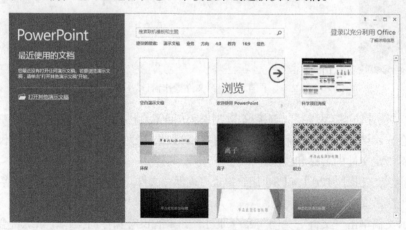

图 4.1　PowerPoint 2013 起始窗口

如果想使用其他的模板,可以在图 4.1 中的搜索栏输入一个搜索主题,如"海报",或者直接在搜索栏下方提供的几个关键词里去选择也可以,系统将会联机搜索和主题相关的模板。用户可以直接在搜索结果中单击选择满意的模板,此时将会显示该模板的详细信息窗口,如图 4.2 所示,浏览之后单击"创建"按钮就会迅速下载该模板,然后用户就可以应用该模板并可根据自己的需要创建演示文稿。

(2) 保存演示文稿

当完成对一个演示文稿文件的建立、编辑后,就可将文件保存起来,通常采用以下 3 种方式。

① 通过"文件"菜单。单击窗口左上角的"文件"菜单,在弹出的界面中选择"保存"命令,类似 Word、Excel,如果演示文稿是第一次保存,则系统会显示保存文件操作窗口,如图 4.3 所示。可将文件保存在最近访问的文件夹中,也可以单击"浏览"按钮选择文件的保存位置,在之后显示的"另存为"对话框中输入新文件名后单击"保存"按钮。

图 4.2　联机搜索模板的详细信息窗口

图 4.3　保存文件操作窗口

② 通过"快速访问工具栏"。直接单击"快速访问工具栏"中的"保存"按钮 。如果是新文件，仍然会显示图 4.3 所示的保存文件操作窗口，如果是已经保存过的文件，则仅保存文件的新内容而无需指定文件的名称和位置。

③ 通过键盘。利用【Ctrl】+【S】组合键也可以保存文件。操作方法与使用"保存"按钮相同。

（3）关闭演示文稿

关闭演示文稿单击"文件→关闭"命令即可，如果有没有保存的操作，系统将会显示对话框询问用户是否进行保存。

（4）打开演示文稿

如果要对已有的演示文稿进行编辑，就必须先打开它。单击"文件→打开"命令，或者单击"快速访问工具栏"上的"打开"按钮 将显示打开文件操作窗口，通过"最近使用的演示文稿"可以打开最近使用过的演示文稿，通过单击"计算机"，可以在右侧选择打开当前文件夹中的文件或最近打开的文件夹中的文件，也可以通过"浏览"按钮选择打开文件，如图 4.4 所示。

3．演示文稿视图方式

PowerPoint 2013 提供了 6 种演示文稿视图，即"普通"视图、"大纲"视图、"幻灯片浏览"视图、"备注页"视图、"阅读"视图和"幻灯片放映"视图。在视图模式之间进行切换可以使用窗口下方的视图模式切换按钮，也可以通过"视图"选项卡中相应的视图模式命令按钮。

（1）"普通"视图。该视图是 PowerPoint 默认的工作模式，也是最常用的工作模式。可以逐张幻灯片编辑演示文稿，并在窗口左侧显示导航缩略图。

图 4.4　打开文件操作窗口

（2）"大纲"视图。只显示幻灯片的标题和正文，便于用户更快地编辑幻灯片内容。

（3）"幻灯片浏览"视图。将所有幻灯片以缩略图方式显示出来，便于浏览和快速查阅。

（4）"备注页"视图。用于幻灯片备注内容的添加和编辑，在该视图下无法对幻灯片内容进行编辑。

（5）"阅读"视图。在 PowerPoint 窗口中播放幻灯片放映。

（6）"幻灯片放映"视图。将演示文稿中的幻灯片进行放映。

4. 编辑演示文稿

（1）编辑幻灯片

① 输入文本。

② 新建幻灯片。

③ 复制和移动幻灯片。

④ 删除幻灯片。

⑤ 更改幻灯片版式。

（2）设置页眉和页脚

在制作幻灯片时，如果需要为每张幻灯片添加相对固定的信息，如在幻灯片的页脚处添加页码、时间、作者等内容，这就要设置幻灯片的页眉和页脚。通过"插入"选项卡中"文本"组中的"页眉和页脚"选项可以打开"页眉和页脚"对话框，利用该对话框中的选项即可为每张幻灯片添加固定的内容了。

（3）图形的插入与编辑

① 插入和编辑剪贴画。

② 插入和编辑来自文件的图片。

③ 插入和编辑屏幕截图。

④ 插入和编辑形状。

⑤ 插入和编辑 SmartArt 图形。

⑥ 插入和编辑图表。

⑦ 插入和编辑艺术字。

（4）更改幻灯片的主题和背景

为了改变演示文稿的外观，最容易、最快捷的方法就是应用主题。单击"设计"选项卡，在"主题"中可以看到系统提供的部分主题。当鼠标指向一种主题时，幻灯片窗格中的幻灯片就会以这种主题的样式改变，当选择一种主题单击后，该主题才会被应用到整个演示文稿中。另一种常用的改变外观的方式就是使用背景，通过在"设计"选项卡中单击"设置背景格式"按钮即可打开背景设置窗格。

5. 母版的使用

母版其实就是一个格式模板，通过编辑母版可以修改字体格式、背景等。母版修改了，所有应用该母版的幻灯片就都会跟着改变，这样就不用每张幻灯片都去修改了，有利于制作幻灯片时保持风格的统一。

（1）幻灯片母版。

（2）讲义母版。

（3）备注母版。

6. 超级链接的创建

PowerPoint 中的超级链接技术可以建立一张幻灯片与另一张幻灯片的链接，链接到的目的幻灯片可以与原幻灯片不在同一个文件中，也可以创建与其他文件或网页的链接。利用超级链接技术可以制作具有交互功能的演示文稿，以便于更好地说明问题。

7. 幻灯片放映设置

（1）设置幻灯片放映方式。

（2）隐藏或显示幻灯片。

（3）观看放映。

对于初学者来说，在创建演示文稿时要注意以下 3 方面。

① 注意条理性。使用 PowerPoint 制作演示文稿的目的，是将要叙述的问题以提纲挈领的方式表达出来，让观众一目了然。如果仅是将一篇文章分成若干片段，平铺直叙地表现出来，则显得乏味，难以提起观众的兴趣。一个好的演示文稿应紧紧围绕所要表达的中心思想，划分不同的层次段落，编制文档的目录结构。同时，为了加深印象和理解，这个目录结构应在演示文稿中"不厌其烦"地出现，即在 PowerPoint 文档的开始要全面阐述，以告知本文要讲解的几个要点；在每个不同的内容段之间也要出现，并对下文即将要叙述的段落标题给予显著标志，以告知观众现在要转移话题了。

② 自然胜过花哨。在设计演示文稿时，很多人为了使之精彩纷呈，常常煞费苦心地在演示文稿上大做文章，例如，添加艺术字体、变换颜色、穿插五花八门的动画效果等。这样的演示看似精彩，其实往往弄巧成拙，因为样式过多会分散观众的注意力，不好把握内容重点，难以达到预期的演示效果。好的 PowerPoint 要保持淳朴自然，简洁一致，最为重要的是文章的主题要与演示的目的协调配合。如果演讲内容是随着演讲者演讲的进度出现，穿插动画可以起到从局部到全局的效果，提高观众的兴趣，否则显得零乱。

③ 使用技巧实现特殊效果。为了阐明一个问题经常采用一些图示以及特殊动画效果，但是在 PowerPoint 的动画中有时也难以满足需求。例如，采用闪烁效果说明一段文字时，在演示中是一闪而过，观众根本无法看清，为了达到闪烁不停的效果，还需要借助一定的技巧，组合使用动画效果才能实现。还有一种情况，如果需要在 PowerPoint 中引用其他的文档资料、图片、表格或从某点展开演讲，可以使用超级链接。但在使用时一定要注意"有去有回"，设置好返回链接，必要时可以使用自定义放映，否则在演示中可能会出现到了引用处，却回不了原引用点的尴尬。

四、实验范例

创建演示文稿，以"植树节"为主题。具体操作步骤如下。

1. 准备素材

要制作主题为植树节的演示文稿，首先要准备和植树节相关的文字、图片以及音乐等素材，并将其存放在同一个文件夹中。

2. 建立演示文稿

启动 PowerPoint 2013，在起始窗口中选择"空白演示文稿"创建一个空白演示文稿，将其保存。

3. 制作幻灯片

（1）添加新幻灯片

假设本示例需要建立 3 张幻灯片，则此时还需再添加两张幻灯片。在普通视图下窗口左侧的幻灯片浏览窗格中选中第 1 张幻灯片，按下【Enter】键即可添加一张"标题和内容"版式的幻灯片，重复上述操作继续添加一张幻灯片。

单击"开始"选项卡"幻灯片"组中的"新建幻灯片"下拉按钮，在出现的"Office 主题"下拉框中选择一个合适的幻灯片版式也可完成新幻灯片的创建。添加后的幻灯片如果要修改版式，只需选中幻灯片后在"Office 主题"列表中进行重新选择即可。

（2）编辑幻灯片内容

① 输入文字内容。

在幻灯片中输入文字可以使用在占位符中输入和在文本框中输入两种方法。

占位符就是一种带有虚线或阴影线的边框，在这些边框内可以放置标题、正文、图表、表格、图片等对象。根据幻灯片版式的不同，会在幻灯片中显示出不同的占位符。例如，示例中的第 1 张幻灯片是"标题幻灯片"版式，在该幻灯片中显示有两个占位符，占位符中分别显示"单击此处添加标题"和"单击此处添加副标题"的字样，将光标移至占位符中，单击后即可直接输入文字。

如果要在"空白"版式的幻灯片或幻灯片中占位符之外的其他位置输入文字就需要使用到文本框。单击"插入"选项卡，选择"文本"组中的"文本框"命令，再在幻灯片的适当位置利用鼠标拖曳绘制出合适大小的文本框，之后就可在文本框的插入点处输入文本了。选择"文本框"命令时默认绘制的是"横排文本框"，如果需要"竖排文本框"，可以单击"文本框"命令的下拉按钮，然后进行选择。

在示例第 1 张幻灯片的标题占位符中输入"植树节"，副标题占位符中输入"——植树造林，美化环境"。其余两张幻灯片的内容可以从所准备的素材中直接获取。在 PowerPoint 中涉及对文字的复制、粘贴、删除、移动的操作和对文字字体、字号、颜色等的设置以及对段落的格式设置等操作，均与 Word 中的相关操作类似，在此就不详细叙述了。设置完成后的幻灯片在"幻灯片浏览"视图下如图 4.5 所示。

图 4.5　设置完成后的幻灯片

② 插入图片和剪贴画。

在幻灯片浏览窗格中选中第 2 张幻灯片后，单击"插入"选项卡，选择"图像"组中"图片"命令，将弹出"插入图片"对话框，找到所准备的图片素材，单击"插入"按钮即可将图片插入幻灯片中，如图 4.6 所示。

图 4.6 "插入图片"对话框

图片插入后，将其移至幻灯片的左边界，再利用鼠标拖动调整大小。如果要对图片进行其他设置，如添加艺术效果、更改样式以及裁剪等，可以利用"图片工具"中的"格式"选项卡中的选项。调整后，将图片在本幻灯片中复制，把复制后的图片移至幻灯片的右边界，完成后的效果如图 4.7 所示。

图 4.7 第 2 张幻灯片完成效果

使用同样的方法在第 3 张幻灯片中插入所准备的植树节节徽图片并进行调整及复制操作，完成后的效果如图 4.8 所示。

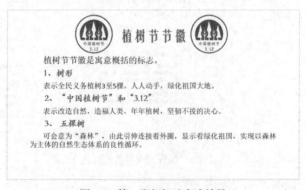

图 4.8 第 3 张幻灯片完成效果

PowerPoint 2013 没有自带的剪贴画库，如果要在幻灯片中插入剪贴画，可以通过联机搜索来完成。

联机搜索的剪贴画内容非常丰富，而且图片都经过专业设计，适合于各种风格不同的幻灯片。通过"插入"选项卡下"图像"组中的"联机图片"按钮选项可以打开搜索联机图片窗口，输入要搜索的剪贴画关键字后即可显示相关的图片列表，选择好合适的图片后单击"插入"按钮即可将其插入幻灯片中。

③ 插入艺术字

在幻灯片浏览窗格中选中第 1 张幻灯片，再切换至"插入"选项卡，单击"文本"组中"艺术字"命令，将会显示出"艺术字"下拉框，如图 4.9 所示。选择该下拉框中的"填充-金色，着色 4，软棱台"样式，将会在幻灯片中出现"请在此放置您的文字"字样的艺术字框，将框中的文字替换为"多一片绿叶多一份温馨"。

单击艺术字框，在功能区将会显示出"图片工具"，利用其下的"格式"选项卡中的选项能够完成对艺术字的设置。在此，单击"艺术字样式"组中的"文本轮廓"命令，在下拉框中选择"绿色"，再单击打开"文本效果"下拉框，选择"转换"子菜单选项中的"上弯弧"，之后将艺术字框拖曳到幻灯片的合适位置，完成后的效果如图 4.10 所示。

图 4.9　"艺术字"下拉框

图 4.10　第 1 张幻灯片完成效果

④ 设置页眉和页脚

在本示例中利用页眉页脚在幻灯片中插入页码和植树节的时间。通过"插入"选项卡中"文本"组中的"页眉和页脚"命令打开"页眉和页脚"对话框，选中"幻灯片编号"和"页脚"复选框，并设置页脚为"3 月 12 日"。为了在第 1 张幻灯片中不显示这些信息，选中"标题幻灯片中不显示"复选框，之后单击"全部应用"按钮，如图 4.11 所示。如果要在幻灯片中显示日期时间，选择"日期和时间"复选框即可。通过该复选框下的两个单选框"自动更新"和"固定"下的设置选项还可以选择日期时间值是否能够随系统时间自动更新，也可以设置其显示格式。

图 4.11　"页眉和页脚"对话框

4. 更改主题和背景

（1）更改主题

选择"设计"选项卡下"主题"组右下角的"其他"按钮 ，出现如图 4.12 所示下拉框，其中显示出了可供选择的主题。如果要为所有的幻灯片设置一种主题，直接单击选择满意的主题选项即可；如果要设置不同的主题，先选择所要设置主题的幻灯片，之后将鼠标移至满意的主题选项上，利用鼠标右键打开弹出菜单，选择"应用于选定幻灯片"选项。

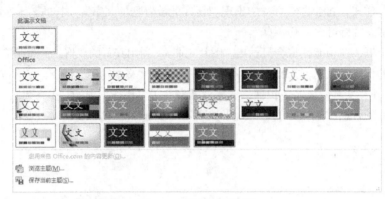

图 4.12 "主题"下拉框

选中第 1 张幻灯片，在"主题"下拉框中找到"平面"主题选项，再打开右键弹出菜单，单击"应用于选定幻灯片"将该主题应用于第 1 张幻灯片，其余幻灯片不变化。

（2）更改背景

背景也是演示文稿外观设计中的一个部分，选择"设计"选项卡下"自定义"组中的"设置背景格式"按钮将会显示"设置背景格式"窗格，如图 4.13 所示。在该窗格中，显示有 4 种填充形式：纯色填充、渐变填充、图片或纹理填充和图案填充。选择不同的填充形式，窗格下方会显示出该种填充方式的具体设置选项。背景设置完成后如果不满意可以单击"重置背景"按钮清除之前的设置，如果要应用于所有的幻灯片单击"全部应用"按钮即可。

在本示例中将为第 2 张和第 3 张幻灯片设置不同的背景填充格式。选择第 2 张幻灯片，在"设置背景格式"窗格中选择"渐变填充"选项，依次设置"渐变填充"下的具体设置选项，如"预设渐变""类型""方向"以及"颜色"等。再选择第 3 张幻灯片，选择窗格中的"图片或纹理填充"选项，单击该选项下的"文件"按钮，在弹出的"插入图片"对话框中选择所准备的素材图片后单击"打开"按钮即可将图片设置为幻灯片背景。由于该图片是作为背景所以继续调整"透明度"使其颜色变淡。设置完成后的两张幻灯片如图 4.14 所示。

5. 设置超级链接

利用超级链接可以使用户在观看幻灯片放映时自主选择幻灯片的显示顺序，而不用完全按照幻灯片的编号顺序依次播放，也可以在放映时链接到幻灯片以外的资源文件或网站等。

现在，在示例的第 1 张幻灯片后添加一张新的幻灯片，版式选择和第 1 张幻灯片相同主题的"空白"幻灯片。通过以下步骤在该幻灯片中输入文字并为其设置超级链接。

（1）通过"插入"选项卡"文本"组中的"文本框"命令在幻灯片中绘制一个横排的文本框，在其中输入文字"植树节标语 植树节节徽"并使其分两行显示。

（2）设置文字的字体、大小以及颜色等，并调整文本框的大小和位置。

（3）选中文本框中的文字"植树节标语"，单击"插入"选项卡中"链接"组中的"超链接"

按钮，弹出"插入超链接"对话框。

图 4.13　"设置背景格式"窗格　　　　　　图 4.14　更改了主题和背景的幻灯片

（4）选择该对话框左侧的"本文档中的位置"，再选择"请选择文档中的位置"下的"3. 植树节标语"，如图 4.15 所示。

图 4.15　"插入超链接"对话框

（5）单击"确定"按钮关闭对话框。

（6）重复以上操作设置文字"植树节节徽"到第 4 张幻灯片的超级链接。

设置过超级链接的文字下方将会显示一条下画线，而且在幻灯片放映时，如果该超级链接被打开过，其颜色也会发生变化。

请读者思考，如何在第 3 张和第 4 张幻灯片中设置超级链接，使其返回至第 2 张幻灯片。

6. 放映演示文稿

（1）隐藏演示文稿

用户可以把暂时不需要放映的演示文稿隐藏起来。单击"视图"选项卡中的"演示文稿视图"组里的"幻灯片浏览"按钮切换到"幻灯片浏览"视图，在该视图下利用鼠标右键单击要隐藏的幻灯片，在弹出菜单中选择"隐藏幻灯片"设置项，该幻灯片左下角的编号上出现一条斜杠，表示该幻灯片已被隐藏起来。若想取消隐藏，则选中该幻灯片，再单击一次右键弹出菜单中的"隐藏幻灯片"选项即可。

通过"幻灯片放映"选项卡中"设置"组中的"隐藏幻灯片"选项也可以进行幻灯片的隐藏操作。

（2）观看放映

① 选择要观看的演示文稿。

② 选择"幻灯片放映"选项卡中的"开始放映幻灯片"组内合适的选项即可开始放映。

③ 按鼠标左键连续放映幻灯片。

④ 按【Esc】键退出放映。

一个实验做完后，请正常关闭系统，要注意在做实验的过程中对文件的保存操作，并认真总结实验过程和所取得的收获。

五、实验要求

（1）设计一个介绍中国传统节日（任意选择一个）的演示文稿。

要求：制作成演示文稿，并满足以下要求。

① 演示文稿不能少于5张。

② 第1张幻灯片的版式是"标题幻灯片"，其中副标题中的内容必须是本人的信息，包括姓名、专业、年级、班级、学号。

③ 其他幻灯片中要包含与题目要求相关的文字、图片和艺术字。

④ 除标题幻灯片之外，每张幻灯片上都要显示页码。

⑤ 在幻灯片中使用两种或两种以上的"主题"或者"背景"。

（2）设计一个和环境保护相关的演示文稿。

要求：制作成演示文稿，并满足以下要求。

① 演示文稿不能少于10张。

② 第1张幻灯片的版式是"标题幻灯片"，其中副标题中的内容是创建演示文稿的日期；

③ 第2张幻灯片设计成目录页，并创建其与其他幻灯片页的超级链接；

④ 在第2张～第10张幻灯片中设置返回目录页的超级链接；

⑤ 其他幻灯片中要包含与题目要求相关的文字、剪贴画、艺术字以及形状。

⑥ 除标题幻灯片之外，每张幻灯片上都要显示创建者的姓名。

⑦ 在幻灯片中使用3种"主题"或者"背景"。

实验二　动画效果设置

一、实验学时

2学时。

二、实验目的

◇ 掌握如何进行幻灯片切换。

◇ 掌握如何设置动画效果。

◇ 了解如何在演示文稿上插入音频和视频。

◇ 掌握演示文稿的打印设置。

三、相关知识

在演示文稿中，不仅可以有文本、图形、图表等，还可以加入音频和视频等媒体文件。融入了多种媒体信息的幻灯片在播放时如果不进行特殊设置，则每张幻灯片会以默认的方式显示。用户可以通过幻灯片切换方式为每张幻灯片设置不同的显示方式，这样就可以增加幻灯片的演示效果。另外，通过"动画"选项卡中"动画"选项组中的命令也可以为幻灯片上的文本、形状、声音和其他对象设置动画，这样就可以突出重点，控制信息的流程，并提高演示文稿的趣味性。

1. 设置幻灯片切换效果

幻灯片的切换就是从一张幻灯片到另一张幻灯片的动态转换。设置幻灯片的切换效果，可以使幻灯片以多种不同的形式出现在屏幕上，并且可以在切换时添加声音，从而增加演示文稿的趣味性，增强演示文稿的播放效果。可以为一组幻灯片设置同一种切换方式，也可以为每张幻灯片设置不同的切换方式。

2. 设置动画效果

（1）快速预设动画效果

首先将演示文稿切换到普通视图方式，单击需要增加动画效果的对象，将其选中，然后单击"动画"选项卡，可以根据自己的爱好，选择"动画"组中合适的效果项。如果想观察所设置的各种动画效果，可以单击"预览"组中的"预览"项，演示动画效果。

（2）自定义动画

在幻灯片中，选中要添加自定义动画的对象，切换到"动画"选项卡，再单击"高级动画"选项组中"添加动画"命令按钮，将会显示下拉菜单，如图 4.16 所示。在下拉菜单中以分类的方式显示出了不同的动画设置选项，直接单击选择即可将所选动画应用于选择的对象上。

为幻灯片中的对象添加了动画效果以后，其旁边会出现一个带有数字的矩形标志，数字即代表了该动画的播放顺序。用户还可以通过"高级动画"选项组中的"动画窗格"命令打开动画窗格，如图 4.17 所示。利用动画窗格可以对添加的动画进行修改，如修改触发方式、持续时间等。当为同一张幻灯片中的多个对象设定了动画效果以后，它们之间的顺序还可以通过动画窗格中的命令按钮进行调整。

图 4.16　添加自定义动画　　　　　　　　图 4.17　动画窗格

3. 插入音频和视频

首先要下载适合幻灯片主题的音频文件，然后用鼠标单击"插入"选项卡里"媒体"组中的"音频"，在下拉菜单中选择"PC 中的音频"，找到自己下载好的音频文件后单击"插入"按钮，即可将自己喜欢的音频文件插入幻灯片中了。音频文件插入后会在幻灯片中显示一个小喇叭图标，单击该图标，在功能区选项卡的右侧显示出编辑音频文件的"音频工具"选项卡，利用该选项卡中的选项可以修改音频文件的播放方式，包括如何开始、是否跨幻灯片播放以及是否循环等，还可以对其进行简单的编辑、修改图标格式等。

插入视频文件的操作与插入音频基本一致，单击"插入"选项卡里"媒体"选项组中"视频"命令按钮，在显示的下拉菜单中包含"联机视频"和"PC 上的视频"操作选项。例如，选择"PC 上的视频"，此时系统会打开"插入视频文件"对话框，在用户选择了一个要插入的视频文件后，会在幻灯片上出现播放该视频文件的窗口，用户可以像编辑其他对象一样，改变它的大小和位置，也可以通过"视频工具"选项卡中的选项对插入的视频文件的播放方式、音量以及播放窗口格式等进行设置。完成设置之后，该视频文件会按前面的设置，在放映幻灯片时播放。

4. 打印演示文稿

用 PowerPoint 创建的演示文稿，不仅可以在计算机屏幕上放映，还可以将它们打印出来长期保存。与 Word 文档、Excel 表格一样，在打印前首先要进行打印设置，要选择打印机、打印份数、打印范围等，最重要的是要选择是打印整页幻灯片、备注页、大纲还是讲义，如果是讲义还要选择每页打印几张幻灯片等，各种参数设置好后，就可以开始打印了。

四、实验范例

为实验一中创建的实验范例设置切换效果、动画并添加背景音乐。

1. 幻灯片切换效果设置

（1）打开实验一所创建的演示文稿。

（2）选择第 1 张幻灯片，单击选择"切换"选项卡，功能区显示如图 4.18 所示。

图 4.18 "切换"选项卡

（3）在"切换到此换灯片"组中单击右下角的"其他"按钮，弹出如图 4.19 所示的下拉框，在下拉框中显示出了可供选择的切换效果选项。

（4）选择下拉框"细微型"下的"分割"效果选项。

（5）设置好切换效果后，选择图 4.18 中所示"效果选项"下拉框中的"左右向中央收缩"选项。

（6）如果在幻灯片切换时，要添加声音、指定切换的时间或方式等，在"切换"选项卡的"计时"组中进行设置即可。

（7）通过"计时"组中的"全部应用"按钮可以将前面的设置应用于所有的幻灯片。在此，不选择"全部应用"按钮，继续重复之前的操作，为其余的每张幻灯片都设置不同的切换效果。

2. 自定义动画效果设置

在 PowerPoint 中，除了快速地进行幻灯片切换动画效果设置外，还包括自定义动画。所谓自定义动画,是指为幻灯片内部各个对象设置的动画。

图 4.19 "切换效果"下拉框

通过以下步骤为幻灯片中的对象添加自定义动画效果。

(1)选择幻灯片中需要设置动画效果的对象,在此选择第 1 张幻灯片中的艺术字框。

(2)单击"动画"选项卡,功能区显示如图 4.20 所示。为所选中的对象添加动画,可以通过"动画"组的动画列表选项,也可以通过"高级动画"组中的"添加动画"按钮。

图 4.20 "动画"选项卡

(3)单击"高级动画"组中的"添加动画"下拉按钮,选择下拉框中"进入"下的"随机线条"动画选项。

(4)打开"动画窗格",选择所添加的动画项,再单击其右侧的向下箭头,显示动画设置下拉框,如图 4.21 所示。

(5)单击下拉框中的"从上一项开始"使该项动画在幻灯片放映时自动播放。

(6)如果要对该动画进行动画效果、动画计时等设置,可以单击"效果选项",在打开的对话框中完成设置。

(7)重复以上操作,为其他对象设置动画。

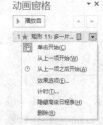

图 4.21 动画设置下拉框

给幻灯片中的多个对象添加动画效果时,添加效果的顺序就是演示文稿放映时的播放次序。当幻灯片中的对象较多时,难免在添加效果时使动画次序产生错误,这时可以在动画效果添加完成后,再对其进行重新调整。在"动画窗格"的动画效果列表中,单击需要调整播放次序的动画效果,单击窗格上方的"上移"按钮 ▲ 或"下移"按钮 ▼ 来调整该动画的播放次序。单击"上移"按钮可以将该动画的播放次序提前,单击"下移"按钮将该动画的播放次序向后移。

动画设置完成后,单击"动画窗格"中的"播放自"按钮即可从所选择的动画处预览所添加的动画效果。

3. 添加背景音乐

(1)选中第 1 张幻灯片。

（2）单击"插入"选项卡，选择"媒体"组中的"音频"，在下拉菜单中选择"PC中的音频"，打开"插入音频"对话框，如图4.22所示。

图4.22 "插入音频"对话框

（3）选择所准备的音乐素材后，单击"插入"按钮。

（4）音乐文件插入后将在功能区中显示"音频工具"，如图4.23所示。在"格式"选项卡中可以对幻灯片中的音乐图标进行格式设置，如更改大小、样式等；在"播放"选项卡中可以对所插入的音乐进行编辑以及更改播放选项等。

图4.23 "音频工具"

（5）单击"音频选项"组中"开始"右侧的下拉框，选择"自动"，使所插入的音乐随幻灯片放映自动播放。

（6）继续选择该组中的"跨幻灯片播放"和"放映时隐藏"复选框，使音乐图标在播放时不显示，并且在整个演示文稿的放映过程中始终有背景音乐。

一个实验做完后，请正常关闭系统，要注意在做实验的过程中对文件的保存操作，并认真总结实验过程和所取得的收获。

五、实验要求

（1）以校园文化为主题设计一个宣传片。

要求：制作成演示文稿，并满足以下要求。

① 演示文稿不能少于10张。

② 第1张幻灯片是"标题幻灯片"，其中副标题中的内容必须是本人的信息，包括姓名、专业、班级、学号。

③ 其他幻灯片中要包含与题目要求相关的文字、图片和艺术字，并且这些对象要通过"自定义动画"进行动画设置。

④ 除第 1 张幻灯片外，每张幻灯片上都要显示页码。

⑤ 选择两种"主题"或者"背景"对幻灯片进行设置。

⑥ 设置每张幻灯片的切换方式，至少使用 3 种。

⑦ 要求使用超链接，顺利地进行幻灯片跳转。

⑧ 幻灯片的整体布局合理、美观大方。

（2）设计一个你看过的电影或电视剧海报。

要求：制作成演示文稿，并满足以下要求。

① 演示文稿不能少于 15 张。

② 第 1 张幻灯片是"标题幻灯片"，其中副标题中的内容必须是本人的信息，包括姓名、专业、班级、学号。

③ 其他幻灯片中要包含与题目要求相关的文字、图片和艺术字，并且这些对象要通过"自定义动画"进行设置。

④ 除第 1 张幻灯片外，每张幻灯片上都要显示制作者的姓名。

⑤ 选择三种"主题"或者"背景"对幻灯片进行设置。

⑥ 设置每张幻灯片的切换方式，至少使用 3 种。

⑦ 要求使用超链接，顺利地进行幻灯片跳转。

⑧ 为幻灯片设置相匹配的背景音乐。

⑨ 幻灯片的整体布局合理、美观大方。

（3）制作一个演示文稿，介绍李白的几首诗，要求如下。

① 第 1 张幻灯片是"标题幻灯片"。

② 第 2 张幻灯片重点介绍李白的生平。

③ 在第 3 张幻灯片中给出要介绍的几首诗的目录，它们要通过超链接链接到相应的幻灯片上。

④ 在每首诗的介绍中要有不少于 1 张的相关图片。

⑤ 选择一种合适的主题。

⑥ 幻灯片中的部分对象要有两种以上的动画设置。

⑦ 幻灯片之间要有两种以上的切换设置。

⑧ 幻灯片的整体布局合理、美观大方。

第5章
多媒体技术及应用

本章以 Premiere Pro CS4 为平台，讲述了多媒体软件的基本操作。通过两个实验的学习，让读者掌握 Premiere Pro CS4 的使用，学会利用多媒体软件制作生活中需要的音频、视频文件，为学习、生活和娱乐提供方便。

实验一　Premiere Pro CS4 的基本操作

一、实验学时

2 学时。

二、实验目的

◇　熟悉 Premiere Pro CS4 非线性编辑软件工作界面。

◇　了解菜单、面板、窗口、工具栏和按钮的功能。

◇　熟悉影片剪辑的一般方法及操作步骤。

三、相关知识

1. Premiere 简介

Premiere 是 Adobe 公司推出的一款基于非线性编辑设备的音频、视频编辑软件，被广泛应用于电影、电视、多媒体、网路视频、动画设计以及家庭 DV 等领域的后期制作中，有很高的知名度。Premiere 可以实时编辑 HDV、DV 格式的视频影像，并可与 Adobe 公司其他软件进行完美整合，为制作高效数字视频树立了新的标准。

Premiere Pro CS4 的工作界面（如图 5.1 所示）是由 3 个窗口（项目窗口、监视器窗口、时间线窗口）、多个控制面板（媒体浏览面板、信息面板、历史面板、效果面板、特效控制台面板、调音台面板等）以及主声道电平显示、工具箱和菜单栏组成。

2. 视频编辑制作流程

（1）素材的准备

依据具体的视频剧本以及提供或准备好的素材文件可以更好地组织视频编辑的流程。素材文件包括：通过采集卡采集的数字视频 AVI 文件、由 Premiere 或其他视频编辑软件生成的 AVI 和 MOV 文件、WAV 格式的音频数据文件、无伴音的动画 FLC 或 FLI 格式文件，以及各种格式的静态图像，包括 BMP、JPG、PCX、TIF 等。

图 5.1　Premiere Pro CS4 工作界面

（2）素材的剪辑

各种视频的原始素材片断都称作一个剪辑。在视频编辑时，可以选取一个剪辑中的一部分或全部作为有用素材导入最终要生成的视频序列中。剪辑的选择由切入点和切出点定义。切入点指在最终的视频序列中实际插入该段剪辑的首帧；切出点为末帧。

（3）画面的粗略编辑

运用视频编辑软件中的各种剪切编辑功能进行各个片段的编辑、剪切等操作。完成编辑的整体任务。目的是将画面的流程设计得更加通顺合理，时间表现形式更加流畅。

（4）添加特效

添加各种过渡特技效果，使画面的排列以及画面的效果更加符合人眼的观察规律，进一步进行完善。

（5）添加字幕

在做电视节目、新闻或者采访的片段中，必须添加字幕，以更明确地表示画面的内容，使人物说话的内容更加清晰。

（6）处理声音效果

在片段的下方进行声音的编辑（在声道线上），可以调节左右声道或者调节声音的高低、渐近、淡入/淡出等效果。这项工作可以减轻编辑者的负担，减少了使用其他音频编辑软件的麻烦，并且制作效果也相当不错。

（7）生成视频文件

对建造窗口中编排好的各种剪辑和过渡效果等进行最后生成结果的处理称编译，经过编译才能生成为一个最终视频文件。最后编译生成的视频文件可以自动地放置在一个剪辑窗口中进行控制播放。在这一步骤生成的视频文件不仅可以在编辑机上播放，还可以在任何装有播放器的机器上操作观看，生成的视频文件格式一般为.avi。

四、实验范例

通过导入视频素材，进行简单的视频剪辑和渲染处理，实验步骤如下。

1. 新建项目

（1）双击打开 Premiere Pro CS4 程序，选择"新建项目"命令，修改项目文件的保存位置，输入新建项目名称"实例1"，单击"确定"按钮，如图5.2所示。

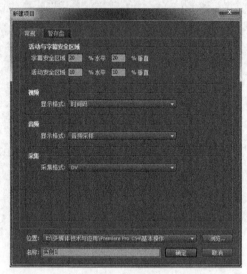

图 5.2　新建项目

（2）选择"DV-PAL 标准 48kHz"的预置模式来创建项目工程，完成项目的创建，如图5.3所示。

图 5.3　项目配置

2. 导入素材

（1）进入 Premiere 的编辑界面，选择"文件"菜单下的"导入"命令，会自动弹出"导入"对话框，如图5.4所示。在弹出的界面中，选择需要导入的文件（可以是支持的视频文件、图片、音频文件等）。

（2）在这里我们选择"九寨沟风景.mp4"，单击"打开"按钮，等待一段时间之后，我们在素材框里看见，出现了一个"九寨沟风景.mp4"的视频文件，如图 5.5 所示。

图 5.4　导入对话框

图 5.5　素材框窗口

3. 剪辑影片

（1）用鼠标拖曳项目面板中影片"九寨沟风景.mp4"到时间面板的视频轨中。

（2）单击监视器节目窗口播放按钮，观看视频，记下需要裁剪片段的起始时间，如图 5.6 所示。

图 5.6　监视器窗口

（3）例如，需要删掉从开头至 00: 00:08:15，以及从 00: 02: 30:00 至结尾这两段视频，在"时间线：序列 1"下方输入 00: 00:08:15，然后按【Enter】键，时间梭就会移动至 00: 00:08:15 处，如图 5.7 所示。

（4）找到时间线面板右侧的工具栏窗口，单击"剃刀工具"，在视频 1 轨道上时间梭所在位置单击一下，素材就会被"剃刀工具"切分为两部分。

（5）然后在"时间线：序列 1"下方输入 00: 02:30:00，按【Enter】键，时间梭就会移动至 00: 02:30:00 处，单击时间梭所在位置，"剃刀工具"会再次分割素材，如图 5.8 所示。

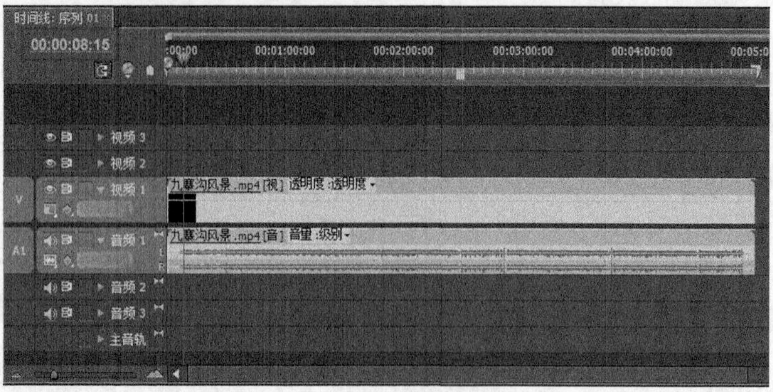

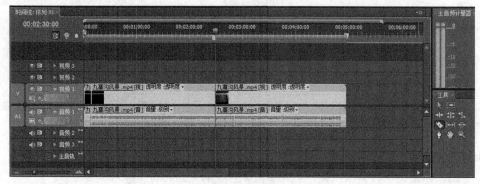

图 5.7 时间线窗口

图 5.8 时间线分割

（6）单击工具栏窗口中的选择工具，单击要删除的第 1 个视频片段（即从开头至 00: 00:08:15），按【Delete】键，即可删除第 1 个视频片段。

（7）再次单击第 2 个视频片段（即从 00: 02: 30:00 至结尾），按【Delete】键，即可删除第 2 个视频片段。

（8）单击余下的视频片段，向左拖动至视频轨道的开头处，如图 5.9 所示。这样就完成了视频的剪辑。

图 5.9 视频剪辑窗口

4.视频的渲染和导出

（1）在视频编辑完成之后，我们可以直接通过右侧监视器上的播放键进行整体视频的预览，但是由于电脑性能所限，预览的时候画面会卡，所以我们要进行视频的渲染。选择主窗口"序列"菜单下"渲染工作区内的效果"，软件会弹出如图 5.10 所示的渲染过程界面，系统会自动开始渲染。

（2）当文件渲染完成之后，我们发现，在时间线上出现了一条绿线（如图 5.11 所示），当时间线上都是绿线时，就可以顺畅地预览视频了。

（3）视频预览完成之后，可以导出影片，选择"文件"菜单下的"导出→媒体"命令，如图 5.12 所示。

图 5.10　渲染过程

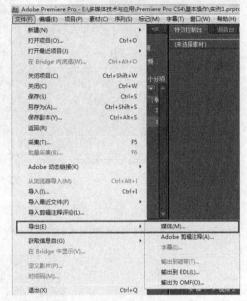

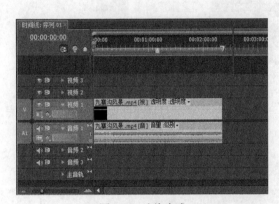

图 5.11　渲染完成

图 5.12　文件导出菜单

（4）打开"导出设置"对话框，默认导出格式为"Microsoft AVI"，如图 5.13 所示。

图 5.13　导出设置

（5）一般 AVI 文件会占用比较大的存储空间，我们可以选择其他格式，然后单击"确定"按钮，如图 5.14 所示。

图 5.14　格式选择

（6）将名称修改为"九寨沟风景剪辑"后，单击"保存"按钮，软件自动开始导出视频，完成后就可以关闭软件了，如图 5.15 所示。

图 5.15　视频导出

五、实验要求

按照上述实例完成以下两个任务。

（1）熟悉创建项目、影片的组接、视频转场、添加字幕、声音合成等基本的操作方法。

（2）下载两段视频素材，将其剪辑、合并为一段视频并导出。

实验二　Premiere Pro CS4 的高级操作

一、实验学时

2 学时。

二、实验目的

◇　掌握 Premiere Pro CS4 编辑影片、编辑音频、添加字幕的基本方法。

◇　熟悉编辑工具按钮的功能和使用方法。

三、实验范例

通过导入素材，进行视频的转场特效及字幕添加。实验步骤如下。

1. 新建项目，导入和剪辑素材

（1）新建项目"实例 2"，导入"实例 1"项目
完成的视频素材"九寨沟风景剪辑"，图片素材"片
头"和"片尾"，音频素材"背景音乐"。依次将图
片素材"片头"、视频素材"九寨沟风景剪辑"、图
片素材"片尾"，拖动至时间线面板的视频 1 轨道中，
如图 5.16 所示。

图 5.16　素材导入

（2）如果素材在时间线上显得特别短，可以往
右拖动时间线面板左下角的调整按钮，往左拖动是
缩小素材在轨道上的显示程度，往右拖动是放大素
材在轨道上的显示程度，如图 5.17 所示。

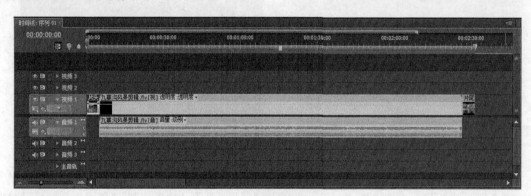

图 5.17　时间线面板

（3）选择剃刀工具 按钮，对准视频素材需要分开的部分，按下鼠标操作两次，视频素材会被剪
成 3 段。视频 1 轨道上就会产生 5 个独立的素材（即两个图片素材，3 段视频素材）。如图 5.18 所示。

图 5.18　素材剪辑

（4）选择第 2 段视频素材，按【Delete】键删除，然后通过鼠标拖动，将剩下的片段按照需
要重新组合，这样就完成了对于素材的初步编辑。

2. 添加转场特效

（1）在编辑界面左下的效果调板中，展开"视频切换"，如图 5.19 所示。

（2）选择其中的一个文件夹，如"叠化"，再选中文件夹下的"交叉叠化（标准）"，如图5.20所示。

图 5.19　效果调板

图 5.20　效果选项

（3）依次拖曳到两段素材之间，完成4段素材之间特效的添加，如图5.21所示。

（4）将时间梭 ▼ 按钮移动到视频特效添加的位置，在右上的监视器调板中就可以观察到视频切换的特效了，如图5.22所示。

图 5.21　添加特效

图 5.22　监视器调板

（5）单击时间线上的视频特效，在中间的监视器里，选择"效果控制"，就可以在调板里对视频特效的细节进行调整，如图5.23所示。

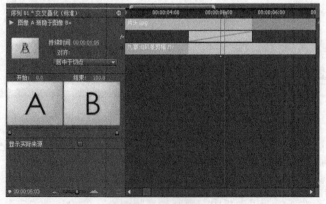
图 5.23　效果控制

3. 为影片添加音乐

（1）首先将视频片段中原有声音删除，选中第 1 个视频片段，单击右键，选择"解除音视频连接"命令。

（2）然后单击空白处，就可以单独选中这段视频的音频，按【Delete】键将其删除。依照此法，删除第 2 个视频片段的音频，如图 5.24 所示。

图 5.24　解除音频

（3）将音频素材"背景音乐"，拖曳到时间线面板的音频 1 轨道上，如图 5.25 所示。

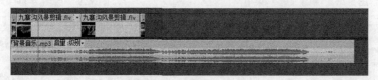

图 5.25　背景音乐

（4）音频播放时间比视频长，此时需要剪辑音频，使其长度和视频保持一致。拖动时间梭至视频 1 轨道素材的末端（如图 5.26 所示），选择剃刀工具，单击音频 1 轨道上时间梭所在位置，分割音频素材，单击选择工具，选中后面那段音频素材，按【Delete】键删除多出的音频片段，从而保持视频和音频长度一致，如图 5.27 所示。

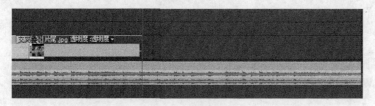

图 5.26　剪辑音频

图 5.27　删除音频

4. 添加字幕

（1）下面我们先来介绍一下字幕的建立，选择"字幕"菜单下的"新建字幕→默认静态字幕"命令，如图 5.28 所示。

（2）出现如图 5.29 所示的对话框界面，此时可以更改字幕名称为"片头字幕"，单击"确定"按钮。

（3）将时间梭移至需要添加字幕的地方，鼠标单击，会出现如图 5.30 所示的状况。

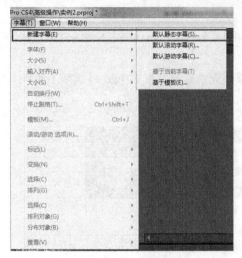

图 5.28 "新建字幕"菜单　　　　　　图 5.29 "新建字幕"对话框

图 5.30 添加字幕

（4）此时，我们就可以输入需要打入的文字了。需要注意的是，Premiere 默认的字体有很多汉字没办法显示，需要我们在输入汉字之前更改字体。在字幕右侧属性里，点开"字体"，选择我们需要使用的字体，然后再输入。

（5）右侧的属性中，还可以对文字的大小、颜色、位置和效果进行设置，为字幕添加描边和阴影效果。选择"描边→外侧边"，依次设置"类型"为"凸出"，大小为"49.0"，调整"色彩"为深红色。选择"阴影"，调整"色彩"为黑色，"透明度"设置为50%，调整"角度"，设置"距离"为2.0，大小为"43.0"。也可以根据实际需求，调整字幕效果，设置完成后，关闭字幕面板，如图 5.31 所示。

（6）将项目面板中的"片头字幕"拖曳到时间线面板中的视频 2 轨道上，放置在"片头"图片上方（如图 5.32 所示），右击"片头字幕"，在弹出菜单中选择"速度→出现时间"命令，根据需要设置"片头字幕"在视频 2 轨道中出现的时间长度，如图 5.33 所示。

图 5.31　字幕面板

图 5.32　片头字幕

图 5.33　时间设置

（7）将时间梭移动至"片尾"图片素材处，选择"字幕"菜单下的"新建字幕→滚动字幕"命令，打开字幕窗口，可从"字幕样式"中选择样式，输入字幕"谢谢观赏欢迎做客九寨沟"，如图 5.34 所示。

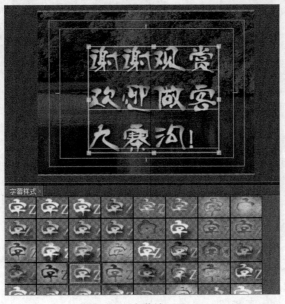

图 5.34　字幕输入界面

（8）选择"字幕"菜单下的"滚动/游动 选项"（如图 5.35 所示），打开对话框（如图 5.36 所示），将"开始于屏幕外"与"结束于屏幕外"两个复选框全部选中，设置"缓入"为 50，"缓出"为 20，单击"确定"按钮设置完成，然后关闭字幕窗口。

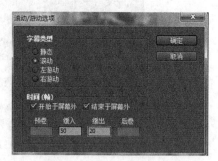

图 5.35 "字幕"菜单　　　　　　　　图 5.36 "滚动/游动选项"对话框

（9）将项目面板中的"片尾字幕"，拖曳到时间线面板中的视频 2 轨道上，放置在"片尾"图片上方（如图 5.37 所示），右击"片头字幕"，单击"速度/出现时间"，根据需要设置"片头字幕"在视频 2 轨道中出现的时间长度。然后，在监视器窗口中预览字幕滚动效果，如图 5.38 所示。

图 5.37　时间线面板　　　　　　　　图 5.38　设置界面

5. 视频的渲染和导出

选择"序列"菜单下的"渲染工作区内的效果"命令对视频进行渲染。视频预览完成之后，可以导出影片，选择"文件"菜单下的"导出→媒体"命令，选择合适的格式，单击"确定"按钮。修改影片名称为"九寨沟风景剪辑 2"后，单击"保存"按钮，软件自动开始导出视频，完成后关闭软件。

四、实验要求

按照上述实例完成以下两个任务。

（1）熟练掌握视频、音频的编辑方法，以及添加字幕的方法。

（2）制作包含音乐的电子相册。

第6章
程序设计基础

本章以 Visual Basic.NET、Visual C++6.0 和 Raptor3 个软件为主线,通过 3 个实验中罗列的实验目的、相关知识、实验范例,详细介绍了利用这些软件开发应用程序的基本步骤、完成程序设计中算法描述的全过程,并在每个实验的最后给出了实验要求。

实验一　Visual Basic.NET 程序设计初步

一、实验学时

4 学时。

二、实验目的

◇　学会使用 Visual Basic.NET 开发环境。
◇　学会建立、编辑、运行一个简单的 Visual Basic.NET 应用程序的全过程。
◇　掌握标识符的概念及使用。
◇　掌握并理解各种控件的使用环境,并能够熟练设置控件的属性,掌握控件事件和方法的应用。

三、相关知识

.NET 开发平台是一个"语言中立"的平台。无论选择什么样的语言,使用的开发环境相同。在 Visual Studio.NET 中,编程语言选择 Visual Basic 即 Visual Basic.NET(如图 6.1 所示),简称 VB.NET。

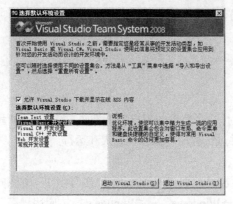

图 6.1　Visual Studio.NET 默认环境设置窗口

VB.NET 不是 Visual Basic 的简单升级，它体现了真正面向对象的程序设计思想。VB.NET 的集成开发环境如图 6.2 所示。

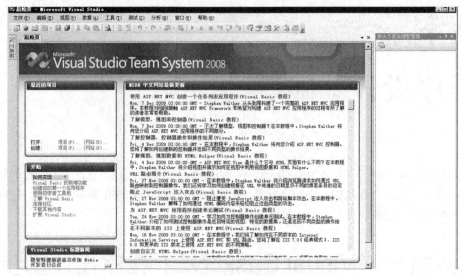

图 6.2　VB.NET 的集成开发环境

　　Visual Basic 采用的是事件驱动的编程机制，即对各个对象需要响应的事件分别编写出程序代码。这些事件可以是用户鼠标和键盘的操作，也可以是系统内部通过时钟计时产生的，甚至由程序运行或窗口操作触发产生，因此，它们产生的次序是无法事先预测的。所以在编写 Visual Basic 事件过程时，没有先后关系，不必像传统的面向过程的应用程序那样，要考虑对整个程序运行过程的控制。完成应用程序的设计后，在其中增加或减少一些对象不会对整个程序的结构造成影响。例如，在一个窗体中增加或删除一个控件对象，对整个窗体的运行不会带来影响。

　　由于 Visual Basic 应用程序的运行是事件驱动模式，是通过执行响应不同事件的程序代码进行运行的，因此，就每个事件过程的程序代码来说，一般比较短小简单，调试维护也比较容易。

　　用 Visual Basic.NET 进行开发应用程序的基本步骤如下。

　　（1）创建 VB 项目。

　　（2）设计应用程序的用户界面。

　　（3）设置用户界面各对象的属性。

　　（4）添加 VB 程序代码。

　　（5）保存和运行程序。

　　（6）生成可执行文件。

四、实验范例

　　用 Visual Basic.NET 设计一个简单的用户登录界面，如图 6.3 所示。编写相应的代码，能够进行用户名和密码的录入，并进行程序的保存、装入和运行。

　　实验步骤如下。

　　（1）启动 Visual Studio.NET。在 Visual Studio.NET 环境中（如图 6.2 所示），选择菜单命令"文件→新建项目→Visual Basic→Windows"→"Windows 窗体应用程序"，弹出如图 6.4 所示对话框，

在"名称"栏中填入自己命名的项目名，单击"确定"按钮，即可进入 VB.NET 集成开发环境的窗口界面，如图 6.5 所示。

图 6.3　简单的用户登录界面　　　　　　　　　　图 6.4　"新建项目"对话框

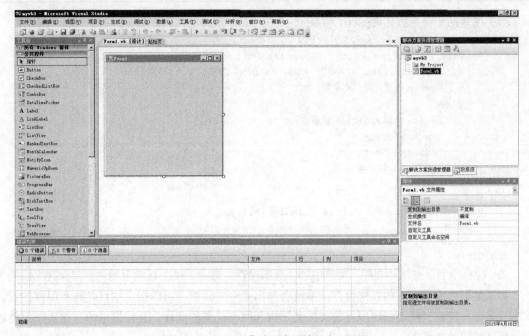

图 6.5　VB.NET 集成开发环境的窗口界面

（2）在窗体中添加控件：两个标签 Lable1、Lable2，两个文本框 TextBox1、TextBox2 和两个命令按钮 Button1、Button2。

（3）设置 6 个控件对象的属性如表 6.1 所示。

表 6.1　　　　　　　　　　　　　　控件属性设置

控　件	属　性	值
Label1	Text	请输入用户名：
	Font	宋体，粗体，小四
	Autosize	True

续表

控　件	属　性	值
Label2	Text	请输入密码：
	Font	宋体，粗体，小四
	Autosize	True
TextBox1	Text	空
	Font	宋体，粗体，小四
	PasswordChar	*
TextBox2	Text	空
	Font	宋体，粗体，小四
	PasswordChar	*
Button1	Text	确认
	Font	宋体，粗体，小四
Button2	Text	取消
	Font	宋体，粗体，小四

（4）编写两个命令按钮 Button1 和 Button2 的 Click 事件的代码，如下。

```
Public Class Form1
    Private Sub Button1_Click() Handles Button1.Click
        If TextBox1.Text = "ABC" And TextBox2.Text = "123" Then
            MsgBox("欢迎使用本系统！")
        Else
            MsgBox("输入错误！请重新输入！")
            TextBox1.Text = ""
            TextBox2.Text = ""
            TextBox1.Focus()
        End If
    End Sub
    Private Sub Button2_Click() Handles Button2.Click
        End
    End Sub
End Class
```

（5）保存项目。选择"文件"菜单中的"全部保存"命令（或工具栏上的"全部保存"按钮）。

如果是新建项目之后的首次保存，系统会弹出一个对话框，可以指定项目名称和保存位置，单击"保存"按钮，从而创建项目的文件夹结构和所有必要的文件，会在指定的"位置"上创建与项目名相同的文件夹。

（6）检查项目。单击"Form1.vb"可以切换到"代码编辑器"窗口，进行程序代码的检查；单击"Form1.vb[设计]"可以切换到窗体窗口，修正窗体界面上的控件对象。

（7）运行程序。单击工具栏上的"▶"或按下【F5】功能键均可以启动程序的调试。如果想终止程序的调试，可从菜单栏中选择"调试"菜单的"停止调试"命令，或从工具栏中单击"■"图标。

（8）打开项目。选择"文件"菜单中的"打开项目"命令，显示"打开项目"对话框，找到要打开的项目文件后，双击"打开"按钮，VB.NET 就将文件调入内存，此时解决方案资源管理器窗口中显示出项目的名称。

（9）生成可执行文件。单击"生成"菜单下的"生成××"（××是项目名）命令，生成××.exe

文件，即可执行文件。其中，××.exe 文件保存在"bin"文件夹下。

五、实验要求

（1）熟悉 Visual Basic.NET 开发环境的"新建项目""工具箱"窗口、"属性"窗口、"窗体设计器"窗口、"代码设计器"窗口、"解决方案资源管理器"窗口、集成环境窗口的布局。

（2）能够建立用户界面对象并进行对象属性的设置。

（3）熟练掌握标识符的定义及其使用。

（4）能够对对象事件编程，并进行项目的保存和运行。

（5）掌握生成可执行文件的方法。

（6）能够运用 Visual Basic.NET 进行程序开发，分别实现下述功能。

① 根据输入的 n（$n>0$），计算 1−2+3−4+⋯±n 的值。

② 36 个人搬 36 块砖，男人一人搬 4 块，女人一人搬 2 块，小孩 2 个人合抬一块。问男人、女人、小孩各多少人。

③ 利用插入排序法完成 n（$n>0$）个整数（数据自拟）由小到大地输出。

④ 将 100 元钱换成零钱（仅限 10 元、20 元和 50 元），找出所有的换法。

⑤ 已知某数列为 1，1，2，3，5，8，⋯，求该数列前 15 项的值。这个数列的特点：第 1 项和第 2 项均为 1，从第 3 项开始，每一项都是其前面两项之和，即

$$F(n) = \begin{cases} 1 & n=1 \\ 1 & n=2 \\ F(n-1)+F(n-2) & n>2 \end{cases}$$

附：Console（控制台）应用程序简介

Console 应用程序是指 Windows 环境中基于字符界面的标准输入输出接口的程序。Console 应用程序没有图形用户界面，输出的字符直接显示在 DOS 窗口中，并接受键盘的输入。

Console（控制台）应用程序没有窗体，代码直接书写在标准模块中，程序运行时首先执行名为 Main 的过程。Console 应用程序最终被编译成.EXE 文件，在资源管理器中双击这类.EXE 文件会打开一个 DOS 窗口，并在该 DOS 窗口中运行程序。Console 应用程序适用于交互过程比较简单的程序。

控制台对象 Console 的 4 个方法，即 Console.WriteLine、Console.ReadLIne、Console.Write、Console.Read，它们常见的使用格式如下：

变量名= Console.ReadLIne()：读取键盘上的一行文本（赋给"="左边的变量名），行是以回车结束的；如果没有输入任何文本直接按回车键，则读取的结果为空。

变量名= Console.Read()：读取键盘上的一个字符（赋给"="左边的变量名）。

Console.Read()：读取键盘上的一个字符，往往用于让程序结束之前暂停一下，以防 DOS 窗口立即自动关闭。

Console.WriteLine()：显示一个空行。

Console.WriteLine（表达式）：显示指定表达式的值并自动加上回车换行。

Console.Write（表达式）：显示指定表达式的值（没有回车换行）。

实验二 Visual C++ 6.0 程序设计初步

一、实验学时

4 学时。

二、实验目的

◇ 学会使用 Visual C++ 6.0 开发环境。
◇ 学会建立、编辑、运行一个简单的 C++应用程序的全过程。
◇ 掌握变量的概念及使用。
◇ 通过程序实践结合课堂例子，理解类、对象的概念，掌握属性、事件、方法的应用。

三、相关知识

Visual C++作为一款优秀的 C/C++语言的编译工具，自诞生以来，一直是 Windows 下最主要的开发工具之一。利用 Visual C++开发环境可以完成各种各样的应用程序的开发，从软件的底层到软件的界面设计，Visual C++都提供了强大的支持。而且，Visual C++强大的调试功能也为大型复杂软件的开发提供了有力的保障。

用 Visual C++ 6.0 进行开发应用程序的基本步骤如下。

（1）分析问题。编写任何一个程序，都应该首先从实际问题中抽象出来其数学模型，求出解决方法，并用一定的工具进行描述。

（2）编辑程序。编写源程序，利用 Visual C++ 6.0 的代码编辑工具编写代码。

（3）编译程序。编译源程序，生成目标文件。

（4）链接程序。将一个或多个目标文件与库函数进行连接后，产生可执行文件。

（5）运行调试程序。程序的错误不仅仅是语法方面的，更重要的是逻辑错误，必须进行严格的测试后，程序才可以发布。

（6）保存和运行程序。

四、实验范例

用 Visual C++6.0 编程实现 1! +2! +3! +4! +5!。

实验步骤如下。

（1）启动 Visual C++6.0。在 Visual C++主窗口的主菜单栏中，选择"文件"菜单项，在其下拉菜单中选择"新建"命令，如图 6.6 所示。

在打开的"新建"对话框中，选择左上角的"文件"选项卡，单击"C++ Source File"，在右边的"文件"文本框中填入自己新建的 C++源文件名，在"目录"下拉框中选择 C++文件所在的位置，如图 6.7 所示。单击"确定"按钮，进入"C++代码编辑区"窗口。

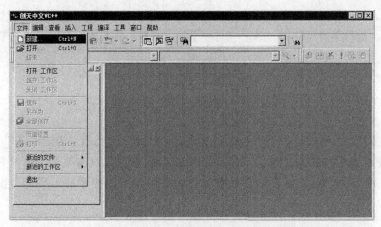

图 6.6　Visual C++主窗口

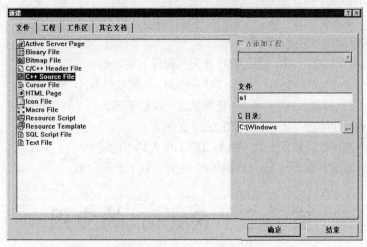

图 6.7　Visual C++ "文件" 选项

（2）在 "C++代码编辑区"，输入 C++源程序代码，如图 6.8 所示。

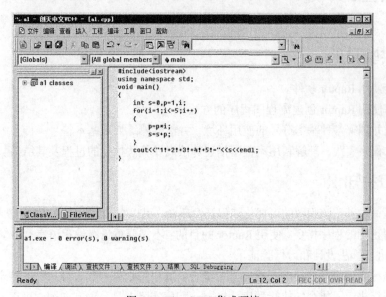

图 6.8　Visual C++集成环境

（3）编译。对程序进行编译，单击工具栏上的"编译"图标，直至没有错误。

（4）构建。对程序进行链接，单击工具栏上的"构建"图标，直至没有错误。

（5）执行。单击工具栏上的"执行"图标。

（6）选择"文件"菜单中的"关闭工作区"命令。

至此，一个简单的 C++程序的编写、编译、组建、执行过程就完成了。

（7）打开文件。

选择"文件"菜单中的"打开"命令，显示"打开"对话框，在"打开"对话框中，单击已有的后缀为.cpp 的文件，单击"打开"按钮，或者直接双击某个.cpp 文件。Visual C++就将文件调入内存，此时工程资源管理器窗口中显示出当前程序的工程名和窗体名。

五、实验要求

（1）熟悉 Visual C++6.0 开发环境的"主菜单栏""工具栏"，主窗口下的"工作区窗口""程序编辑窗口""调试信息窗口"等。

（2）熟练掌握标识符的定义及其使用。

（3）能够运用 Visual C++6.0 进行程序开发，实现下述功能：

① 计算 $1+（1+2）+(1+2+3)+\cdots+(1+2+3+\cdots+n)$，$n$ 随机产生。

② 计算 $1+1/1!+1/2!+1/3!+\cdots$，直到最后一项趋于零。

③ 利用"辗转相除法"求出两个数的最大公约数。

④ 利用冒泡排序法完成 5 个数（数据自拟）由大到小的输出。

⑤ 利用二分法求方程 $2x^3-4x^2+3x-6=0$ 在（-10，10）之间的根。

实验三　Raptor 的应用

一、实验学时

4 学时。

二、实验目的

◇ 学会使用 Raptor 软件。

◇ 掌握使用 Raptor 创建流程图程序的方法。

◇ 掌握并理解各种基本符号的使用环境，并能够熟练使用基本符号。

◇ 通过程序实践，理解利用流程图描述算法以及算法执行的过程及其结果。

三、相关知识

Raptor 是一种基于流程图的可视化编程开发环境。可以在最大限度地减少语法要求的情形下，帮助用户编写正确的程序指令。使用 Raptor 的目的：不需要重量级编程语言（如 VB、C++或 Java 等），就可以进行算法设计和运行验证。

流程图是一系列相互连接的图形符号的集合，其中每个符号代表要执行的特定类型的指令，符号之间的连接决定了指令的执行顺序。Raptor 程序实际上是一种有向图，可以一次执行一个图形符号，以便帮助用户跟踪 Raptor 程序的指令流执行过程。Raptor 是为易用性而设计的（用户可用它与其他任何的编程开发环境进行复杂性比较），Raptor 所设计的报错消息更容易为初学者理解。

Raptor 程序是一组连接的符号，表示要执行的一系列动作，符号间的连接箭头确定所有操作的执行顺序。Raptor 程序执行时，从开始（Start）符号起步，并按照箭头所指方向执行程序，Raptor 程序执行到结束（End）符号时停止。

Raptor 软件的主界面如图 6.9 所示，窗口的左侧上半部分是"符号"窗口；右下部分是工作区，其中有一个名为 main 的标签（相当于主程序），窗口中有一个基本的流程图框架，初始只有 Start（开始）和 End（结束）两个符号。

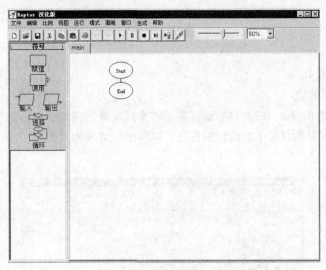

图 6.9　Raptor 软件的主界面

最小的 Raptor 程序什么也不做。在开始和结束的符号之间插入一系列 Raptor 语句/符号，就可以创建有意义的 Raptor 程序。

Raptor 有 6 种基本符号，分别是输入（Input）、输出（Output）、赋值（Assignment）、循环（Loop）、选择（Selection）和调用（Call），每个符号代表一个独特的指令类型。

利用 Raptor 进行算法设计的基本步骤如下。

（1）分析问题。编写任何一个程序，都应该首先从实际问题中抽象出来其数学模型，找出求解方法，并用自然语言描述算法。

（2）启动 Raptor 软件，保存流程图文件（后缀为.rap）。

（3）利用 Raptor 工具创建相关流程图。

（4）运行调试算法。修改出现的语法错误，注意算法的逻辑错误，在进行严格的测试后，算法才可以有效。

（5）保存或打印流程图。

四、实验范例

1. 利用 Raptor 画出计算 *n*! 的流程图

分析：给定 *n*，求 *n*! 的数学公式：

$$n! = \begin{cases} 1 & n = 0 \\ n(n-1)! & n > 0 \end{cases}$$

利用计算机求解连乘问题，一般是先设乘积结果为 1，然后逐项相乘。用 f 表示 $n!$，开始时 $f=1$ 是 $0!$，然后 $f×1$ 就是 $1!$，再乘以 2，$f×2$ 就是 $2!$，再乘以 3，$f×3$ 就是 $3!$，……，$f×n$ 就是 $n!$。可以用 i 表示逐次乘入的项，i 开始为 1，然后加 1 变为 2，再加 1 变为 3，……，通过 $f=f*i$ 完成 $n!$ 的计算。

其算法描述如下。

第 1 步：输入 n 的值。

第 2 步：令 $f=1$。

第 3 步：令 $i=1$。

第 4 步：如果 $i>n$，则转到第 8 步。

第 5 步：使 $f=f×i$。

第 6 步：使 $i=i+1$。

第 7 步：转到第 4 步。

第 8 步：输出 f 的值。

操作步骤：启动 Raptor，根据自然语言描述的算法步骤，在 Start（开始）和 End（结束）两个符号中间依次添加算法描述中的流程图符号，以构成求解题的"程序"，最终得到如图 6.10 所示的流程图。

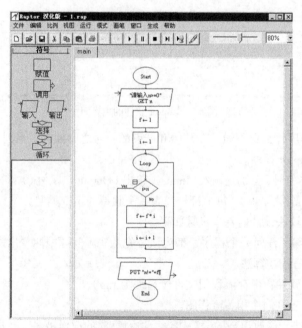

图 6.10　Raptor 软件的主界面中的流程图

具体方法如下。

（1）启动 Raptor 后，单击"文件"中的"保存"命令，键入自定义的文件名、选择存放路径，单击"保存"按钮。

（2）输入 n。在符号窗口单击"输入"符号（变红色）后，将光标指向工作区流程图的"Start"和"End"两个符号中间的箭头处并单击，即可加入"输入"符号。双击新加入的"输入"符号，弹出"输入"窗口，如图 6.11 所示。在"输入提示"栏内输入："请输入 $n>=0$"，在"输入变量"栏内输入：n，单击"完成"按钮，效果如图 6.12 所示。

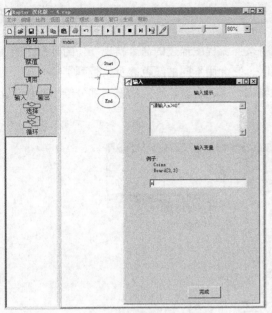

图 6.11　"输入"窗口

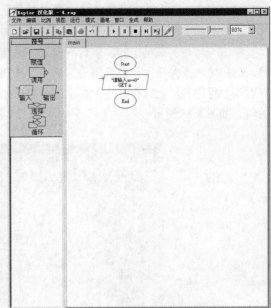

图 6.12　输入处理完毕的流程图

（3）在"输入"框的下方添加第 1 个"赋值"符号。双击"赋值"框打开"Assignment"窗口，在"Set"栏内输入 f，在"to"栏内输入 1，单击"完成"按钮，如图 6.13 所示。

（4）在"赋值"框的下方添加第 2 个"赋值"框。双击"赋值"框打开"Assignment"窗口，在"Set"栏内输入 i，在"to"栏内输入 1，单击"完成"按钮，如图 6.14 所示。

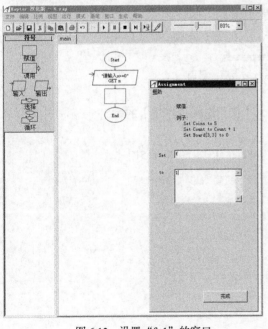
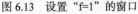

图 6.13　设置"f=1"的窗口

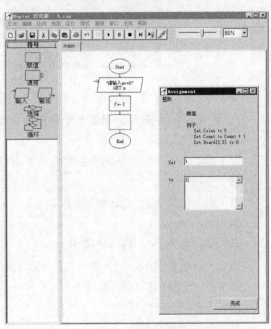

图 6.14　设置"i=1"的窗口

（5）在第 2 个"赋值"框的下方添加 1 个"循环"符号。双击菱形框，在打开的"循环"窗口中输入 $i>n$，单击小方块，使其中"+"变成"–"（表示可以扩展）。

（6）在"No"分支的下方添加 2 个"赋值"符号，分别设置为 $f \leftarrow f \times i$，$i \leftarrow i+1$；在"Yes"分支的末端添加 1 个"输出"符号，设置输出项为"$n!=$"+f。

单击"运行"菜单中的"运行"命令，系统将按照流程图描述的命令实现 $n!$ 的计算，当在输入框中输入 6 并按回车键或单击"确定"按钮时，它会用不同的颜色表示执行到了哪一步，可以看到"程序"动态执行过程，在主控台窗口中输出结果，在窗口的左侧下半部分给出变量变化的值，如图 6.15 所示。

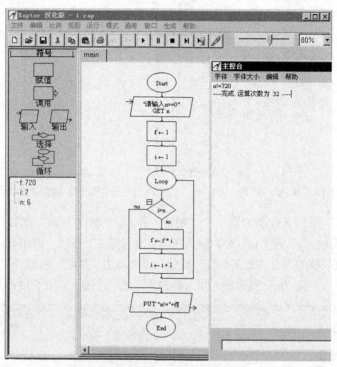

图 6.15　流程图运行结束后的界面

2. 利用 Raptor 软件，完成 5 个整数由小到大（使用选择排序法）的输出

其算法描述如下。

第 1 步：将 5 个整数分别放到数组元素 a[1]、a[2]、a[3]、a[4]、a[5]中。

第 2 步：令 i=1。

第 3 步：如果 i>4，则转到第 12 步。

第 4 步：令 j=i+1。

第 5 步：如果 j>5，则转到第 10 步。

第 6 步：如果 a[i]≤a[j]，则转到第 8 步。

第 7 步：a[i] 与 a[j] 互换值。

第 8 步：使 j=j+1。

第 9 步：转到第 5 步。

第 10 步：使 i=i+1。

第 11 步：转到第 3 步。

第 12 步：依次输出 a[1]、a[2]、a[3]、a[4]、a[5]的值。

操作步骤：启动 Raptor，根据自然语言描述的算法步骤，在 Start（开始）和 End（结束）两个符号中间依次添加算法描述中的流程图符号，以构成求解题的"程序"，即流程图。程序运行后，分别输入 5 个数据，最终，结果显示在"主控台"窗口里。如图 6.16 所示。

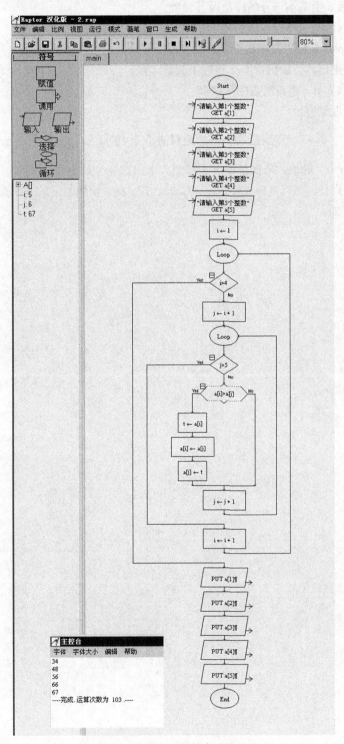

图 6.16　流程图运行结束后的界面

五、实验要求

（1）熟悉 Raptor 软件的主菜单命令、主界面窗口的布局。

（2）熟练掌握 6 个基本符号的画法及其设置。

（3）能够根据解题思路构造流程图。

（4）运用 Raptor 软件进行流程图设计，实现下述功能。

① 任给 3 个正整数，输出这 3 个整数中的最大数。

② 计算前 n（n>0）个自然数的累加和。

③ 计算 π 的近似值。

$\frac{\pi}{4} = 1 - \frac{1}{3} + \frac{1}{5} - \frac{1}{7} + \cdots$，直到最后一项的绝对值小于 10^{-5}。

④ 输入 n（$n>0$）的值，依次读取 n 个整数，求出这 n 个数中的最大数。

⑤ 有一个序列{56，87，34，23，55，47，21，77，8}，使用改进的顺序查找法（即使用"监视哨"）查找键值 21。

第7章
数据库基础

本章以 Access 2013 为主线，通过 3 个实验中罗列的实验目的、相关知识、实验范例，详细介绍了 Access 的开发应用，包括数据库创建，数据表创建及应用、查询、窗体和报表的创建及应用，并在每个实验的最后给出了实验要求。

实验一　数据库和表的创建

一、实验学时

2 学时。

二、实验目的

◇　熟练掌握数据库的创建、打开以及利用窗体查看数据库的方法。
◇　掌握数据库记录的排序、数据查询。
◇　能够对数据表进行编辑、修改、创建字段索引。

三、相关知识

1. 设计一个数据库

在 Access 中，设计一个合理的数据库，最主要的是设计合理的表以及表间的关系。作为数据库基础数据源，它是创建一个能够有效地、准确地、快捷地完成数据库具有的所有功能的基础。

设计一个 Access 数据库，一般要经过如下步骤。

（1）需求分析

需求分析就是对所要解决的实际应用问题做详细的调查，了解所要解决问题的组织机构、业务规则，确定创建数据库的目的，确定数据库要完成哪些操作、要建立哪些对象。

（2）建立数据库

创建一个空 Access 数据库，对数据库命名时，要使名字尽量体现数据库的内容，要做到"见名知意"。

（3）建立数据库中的表

数据库中的表是数据库的基础数据来源。确定需要建立的表，是设计数据库的关键，表设计的好坏直接影响数据库其他对象的设计及使用。

设计能够满足需要的表，要考虑以下内容：

① 每一个表只能包含一个主题信息；

② 表中不要包含重复信息；

③ 确定表拥有的字段个数和数据类型；

④ 字段要具有唯一性和基础性，不要包含推导或计算数据；

⑤ 所有的字段集合要包含描述表主题的全部信息；

⑥ 确定表的主键字段。

（4）确定表间的关联关系

在多个主题的表间建立表间的关联关系，使数据库中的数据得到充分利用，同时对复杂的问题，可先化解为简单的问题后再组合，会使解决问题的过程变得容易。

（5）创建其他数据库对象

设计其查询、报表、窗体、宏、数据访问页和模块等数据库对象。

2. 数据库中的对象

表（Table）是数据库中用来存储数据的对象，它是整个数据库系统的数据源，也是数据库其他对象的基础。

3. 创建数据库

创建数据库，可以使用 3 种方法。

（1）直接创建空白数据库

直接创建空白数据库操作步骤如下。

① 单击"开始→所有程序→Microsoft Office 2013→Access 2013"打开"Access 2013"窗口。

② 在"Access 2013"窗口中，选择"空白桌面数据库"模板，打开"空白桌面数据库"对话框。

③ 设置好要创建数据库存储的路径和文件名后，单击"创建"按钮，进入"数据库"窗口。

（2）利用菜单创建空数据库

利用菜单创建空数据库操作步骤如下。

① 在 Access 主菜单下，打开"文件"菜单，选择"新建"选项，进入"新建"窗口。

② 在"新建"窗口中，选择合适的数据库模板。

③ 在打开的对话框中，设置好要创建数据库存储的路径和文件名后，单击"创建"按钮，进入"数据库"窗口。

（3）利用"搜索联机模板"创建数据库

利用"搜索联机模板"创建数据库操作步骤如下。

① 打开"文件"菜单，选择"新建"。

② 在"新建"窗口中的"搜索联机模板"文本框内，输入待搜索的选项。

③ 选择合适的数据库模板。

④ 在打开的对话框中，设置好要创建数据库存储的路径和文件名后，单击"创建"按钮，进入"数据库"窗口。

4. 使用数据库

（1）数据库的打开

数据库的打开操作步骤如下。

① 在 Access 主菜单下，打开"文件"菜单，选择"打开"。

② 在"打开"窗口，先选定保存数据库文件的文件夹，再输入要打开的数据库文件名，选定文件类型，单击"打开"按钮，数据库文件将被打开。

（2）数据库的关闭

数据库的关闭有以下几种操作方法。

（1）依次选择菜单栏上的"文件→关闭"选项。

（2）单击"数据库"窗口的"关闭"按钮。

（3）按【Alt】+【F4】组合键。

四、实验范例

1．实验内容

（1）创建"学籍管理"数据库，其表结构如表 7.1 所示。

表 7.1　　　　　　　　　　　　　　"学籍管理"数据库

学号	姓名	性别	出生日期	班级	政治面貌	本学期平均成绩
2015101	赵一民	男	98-9-1	计算机 15-4	团员	89
2015102	王林芳	女	98-1-12	计算机 15-4	团员	67
2015103	夏林	男	98-7-4	计算机 15-4	团员	78
2015104	刘俊	男	97-12-1	计算机 15-4	团员	88
2015105	郭新国	男	98-5-2	计算机 15-4	团员	76
2015106	张玉洁	女	97-11-3	计算机 15-4	团员	63
2015107	魏春花	女	98-9-15	计算机 15-4	团员	74
2015108	包定国	男	98-7-4	计算机 15-4	团员	50
2015109	花朵	女	98-10-2	计算机 15-4	团员	90

（2）删除第 5 个纪录，再将其追加进去。

（3）查询数据库中"本学期平均成绩"高于 70 分的女生，并将其"学号""姓名""本学期平均成绩"打印出来。

（4）将"学籍管理"数据库按平均成绩从高到低的顺序重新排列并打印输出报表，显示"学号""姓名""性别""成绩"字段。

2．操作步骤

（1）创建"学籍管理"数据库

创建空白数据库的方法如下。

① 启动 Access 2013，在打开的窗口中选择"空白桌面数据库"模板。在打开的对话框中，设置好要创建数据库存储的路径和文件名后，单击"创建"按钮，如图 7.1 所示。新创建的空白数据库如图 7.2 所示。

② 在出现的创建数据表结构对话框中创建表结构，选择表设计按钮，定义以下字段：学号，数字型，长度为长整型；姓名，短文本型，长度为 10；性别，短文本型，长度为 4；出生日期，日期/时间型；班级，短文本型，长度为 10；政治面貌，短文本型，长度为 8；本期平均成绩，数字型，字段大小为小数，小数位数为 1。建好的数据表结构如图 7.3 所示，关闭此窗口，将该表命名为"学籍档案"。

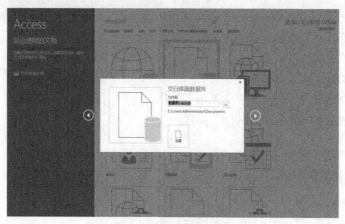

图 7.1　新建"空白数据库"选项

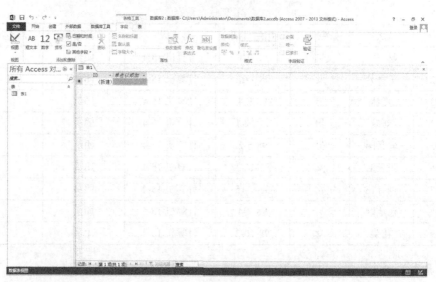

图 7.2　新建数据库窗口

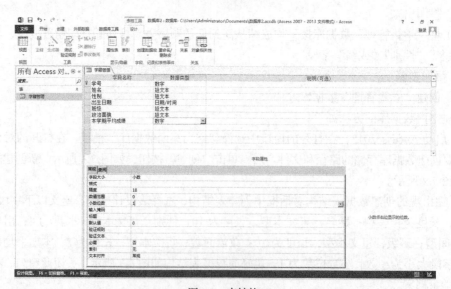

图 7.3　表结构

③ 添加记录。在"学籍管理"数据库窗口中双击"学生档案"数据表，开始录入学生记录，如图 7.4 所示。输完后单击"文件→保存"或保存按钮保存此数据表，然后关闭数据表和数据库。

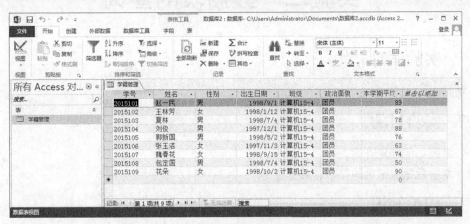

图 7.4　添加记录

（2）删除第 5 个纪录，再将其追加进去

① 重新打开学籍档案表，选择要删除的记录并在其上单击右键，在弹出的快捷菜单上选择"删除记录"命令，如图 7.5 所示。

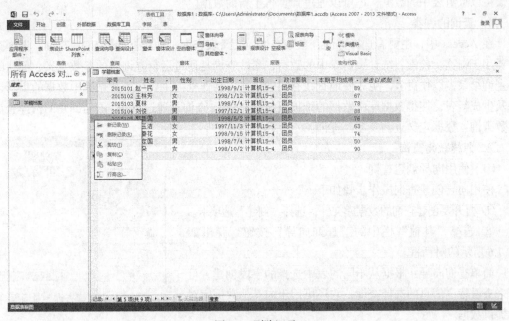

图 7.5　删除记录

② 选择"插入"菜单下的"新记录"命令，在表的末尾添加刚才删除的记录，如果还要让其显示在原来的位置，可在学号所在列单击右键，选择"升序排列"命令即可。

五、实验要求

（1）创建一个学生个人信息表。

（2）创建一个公司通讯录。

实验二　数据表的查询

一、实验学时

2 学时。

二、实验目的

◇ 掌握如何创建查询。
◇ 掌握数据库记录的排序、数据查询。

三、相关知识

查询（query）也是一个"表"，是以表为基础数据源的"虚表"。它可以作为表加工处理后的结果，也是可以作为数据库其他对象数据来源。查询是用来从表中检索所需要的数据，以对表中的数据加工的一种重要的数据库对象。查询结果是动态的，以一个表、多个表，或查询为基础，创建一个新的数据集是查询的最终结果，而这一结果又可作为其他数据库对象的数据来源。查询不仅可以重组表中的数据，还可以通过计算再生新的数据。

1. 查询的种类

在 Access 中，主要有选择查询、参数查询、交叉表查询、动作查询及 SQL 查询。选择查询主要用于浏览、检索、统计数据库中的数据；参数查询是通过运行查询时的参数定义、创建的动态查询结果，以便更多、更方便地查找有用的信息；动作查询主要用于数据库中数据的更新、删除及生成新表，使得数据库中数据的维护更便利；SQL 查询是通过 SQL 语句创建的选择查询、参数查询、数据定义查询及动作查询。

2. 怎样获得查询

（1）使用向导创建查询
使用向导创建查询操作步骤如下。
① 打开要创建查询的数据库文件，选择"创建"选项卡。
② 选择"其他"栏中的"查询向导"按钮，弹出如图 7.6 所示的对话框。
简单查询向导：根据从不同的表中选择的字段创建，可用来查看特定信息的选择查询，它还可用于向其他数据库对象提供数据。

图 7.6 "新建查询"对话框

交叉表查询向导：通过该向导创建的查询，将以类似于电子表格的紧凑形式显示需要查看的数据。

查找重复项目查询向导：通过该向导可在单一的表或查询表中查找具有重复字段值的记录。

查询不匹配项目查询向导：该向导用于在一个表中查找在另一个表中没有相关内容的记录。

③ 在打开的"新建查询"对话框中，选择一种类型，一般选择"简单查询向导"选项，单击"确定"按钮。以下是创建"简单查询向导"的步骤。

④ 在弹出的如图 7.7 所示的"简单查询向导"对话框中，单击 >> 按钮将"可用字段"列表

框中显示的表中的所有字段添加到"选定字段"列表框中，也可以选中某个可用字段，单击 ＞ 按钮添加到"选定字段"列表框中。

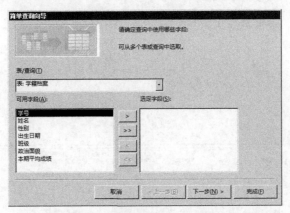

图 7.7　"简单查询向导"对话框

⑤ 完成后，单击"下一步"按钮，弹出如图 7.8 所示的提示框。

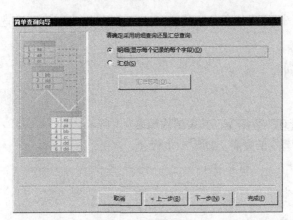

图 7.8　选择提示框

⑥ 选择默认状态下的"明细"单选按钮，单击"下一步"按钮，若选择"汇总"单选按钮，单击"汇总选项"按钮，选择需要计算的汇总值，单击"确定"按钮，再单击"下一步"按钮。在"请为查询指定标题"文本框中输入标题，单击"完成"按钮就完成了创建。

（2）使用设计器创建查询

使用设计器创建查询操作步骤如下。

① 打开要创建查询的数据库文件，选择"创建"选项卡，在"查询"栏中选择"查询设计"按钮，弹出"显示表"对话框。

② 在对话框中选择要创建查询的表，分别单击"添加"按钮，添加到"查询 1"选项卡的文档编辑区中，单击"关闭"按钮。

③ 在表中分别选中需要的字段，依次拖曳到下面设计器中的"字段"行中，添加完字段后，在"表"行中自动显示该字段所在的表名称，如图 7.9 所示。

④ 右键单击"查询 5"选项卡，在弹出的下拉菜单中选择"保存"命令，弹出"另存为"对话框，在对话框中的"查询名称"文本框中输入名称，如"学籍档案_查询"。单击"确定"按钮。

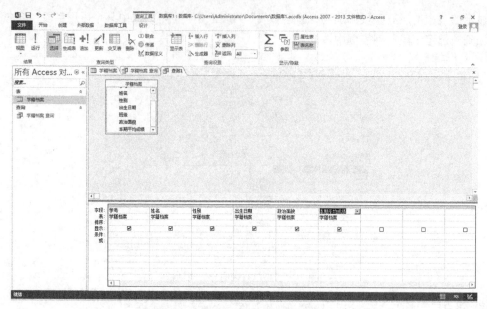

图 7.9　选择需要的字段到设计器中

⑤ 在查询设计视图中，单击某个字段右侧三角按钮，在下拉列表中选择"升序"或"降序"，可对其进行排序。

四、实验范例

1. 实验内容

（1）创建"学籍管理"数据库，其表结构如表 7.1 所示。

（2）创建"学籍管理"的查询，如图 7.10 所示。

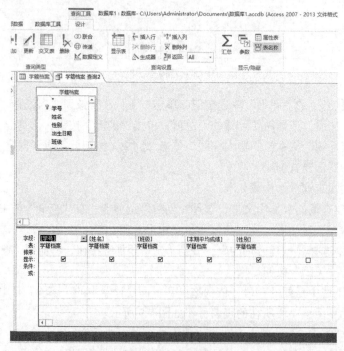

图 7.10　设计查询

打开查询页，设置查询条件 1 为"成绩≥70"和查询条件 2 为"性别=女"，如图 7.11 和图 7.12 所示。在查询页上可以看到查询结果，如图 7.13 所示。

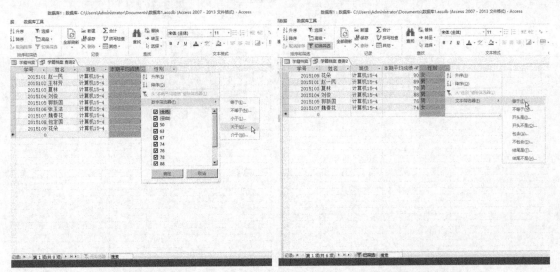

图 7.11 查询条件 1　　　　　　　　　　　　图 7.12 查询条件 2

（3）单击字段右侧三角按钮，在下拉列表中选择"升序"或"降序"，可以对该字段进行排序。取消查询条件 1 和查询条件 2，对该成绩表中的本学期平均成绩进行升序排列。单击字段右侧三角按钮，在下拉列表中选择"升序"，如图 7.14 所示，对其进行排序，结果如图 7.15 所示。

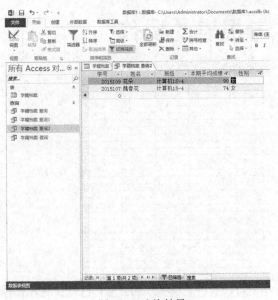

图 7.13 查询结果

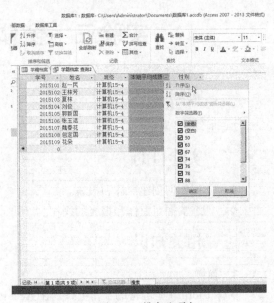

图 7.14 排序选项卡

图 7.15　排序结果

五、实验要求

（1）建立对一个学生个人信息表的相关查询。

（2）建立对一个公司通讯录的相关查询。

实验三　窗体与报表的操作

一、实验学时

2 学时。

二、实验目的

◇　掌握如何创建窗体和报表。

◇　熟练掌握对窗体和报表的操作。

三、相关知识

1. 窗体

窗体（form）是屏幕的工作窗口。在 Access 中，可以通过系统提供的以及自己设计的各式各样美观大方的工作窗口，在友好的工作环境下，对数据库中数据进行处理。窗体是 Access 数据库应用系统中最重要的一种数据库对象，它是用户对数据库中数据进行操作最理想的工作界面。也可以说，因为有了窗体这一数据库对象，用户在对数据库操作时，界面形式美观、内容丰富，特别是对备注型字段数据的输入、OLE 字段数据的浏览更方便、快捷，窗体背景与前景内容的设置会给用户提供一个非常亲和力的数据库操作环境，使得数据库应用系统的操纵、控制尽在"窗体"中。

创建窗体的方法有以下几种。

（1）快速创建窗体

快速创建窗体的方法：打开要创建窗体的数据库文件，选择"创建"选项卡，在"窗体"栏中选择"窗体"按钮即可。

（2）通过窗体向导创建窗体

在向导的提示下，根据用户选择的数据源表或查询、字段、窗体的布局、样式自动创建窗体。通过窗体向导可以创建出更为专业的窗体，创建方法如下。

① 打开要创建窗体的数据库文件，选择"创建"选项卡，单击"窗体"栏中的"窗体向导"按钮。

② 在打开的"窗体向导"对话框中，在"可用字段"框中选择需要的字段，单击右箭头按钮；如果选择全部可用字段，单击双右箭头按钮，将选中的可用字段添加到"选定字段"列表框中，单击"下一步"按钮，弹出如图 7.16 所示的对话框。

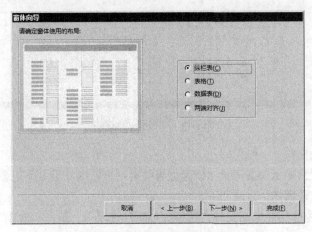

图 7.16 窗体使用的布局对话框

③ 在对话框中选择合适的布局，如"纵栏表"布局，单击"下一步"按钮，弹出如图 7.17 所示的对话框。在弹出的对话框中输入标题，单击"完成"按钮即可。

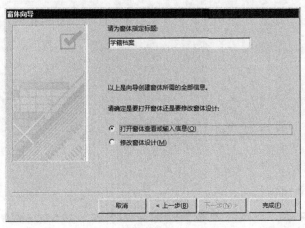

图 7.17 确定所用格式对话框

（3）创建分割窗体

分割窗体就是可以同时显示数据的两种视图，即窗体视图和数据表视图。创建分割窗体方法如下。

① 打开要创建窗体的数据库文件，选择"创建"选项卡，单击"窗体"栏中的"其他窗体"右侧三角按钮中的"分割窗体"按钮。

② 系统自动创建出包含源数据所有字段的窗体，并以窗体和数据两种视图显示窗体，如图7.18所示。

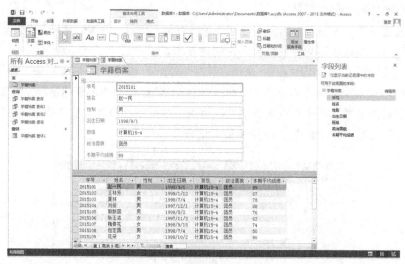

图7.18　创建的分割窗体

（4）创建多记录窗体

普通窗体中一次只显示一条记录，但是如果需要一个可以显示多个记录的窗体，就可以使用多项目工具创建多记录窗体，方法如下。

① 打开要创建窗体的数据库文件，选择"创建"选项卡，单击"窗体"栏中的"其他窗体"右侧三角按钮中的"多个项目"按钮。

② 系统将自动创建出同时显示多条记录的窗体，如图7.19所示。

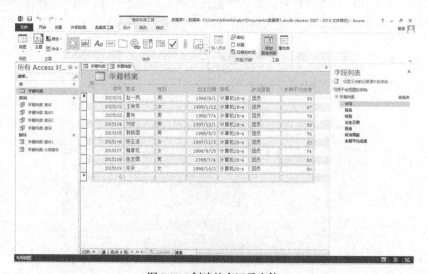

图7.19　创建的多记录窗体

（4）创建空白窗体

创建空白窗体的方法如下。

① 打开要创建窗体的数据库文件，选择"创建"选项卡，单击"窗体"栏中的"空白窗体"按钮，创建出如图 7.20 所示的空白窗体。

图 7.20　创建的空白窗体

② 在窗口右侧显示的"字段列表"窗口中的"其他表中可用字段"的列表中选择需要的字段。按住鼠标左键不放，将选择的字段拖曳到空白窗体中将鼠标释放。添加完需要的字段后，显示结果如图 7.21 所示。

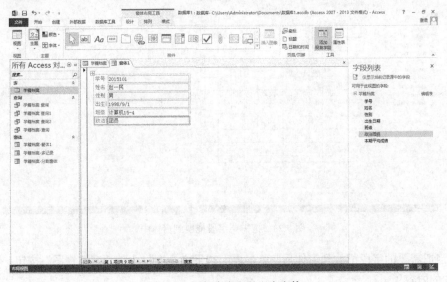

图 7.21　添加完字段的空白窗体

（5）在设计视图中创建窗体

在设计视图中可以对窗体内容的布局等进行调整，而且可以添加窗体的页眉和页脚等部分，创建方法如下。

① 打开要创建窗体的数据库文件，选择"创建"选项卡，单击"窗体"栏中的"窗体设计"按钮，弹出如图 7.22 所示的带有网络线的空白窗体。

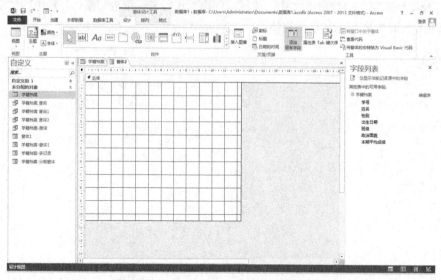

图 7.22　在"设计视图"中创建的窗体

② 在窗体的右侧出现了"字段列表"窗格，在"其他表中的可用字段"列表框中选择需要的字段。将字段拖曳到窗体中合适的位置，释放鼠标即可，如图 7.23 所示。

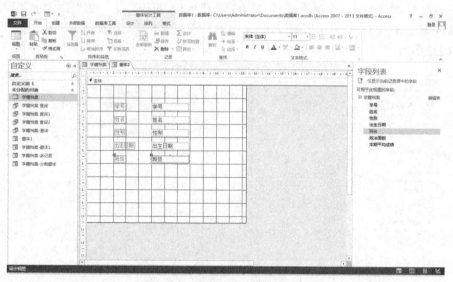

图 7.23　把需要字段拖曳到窗体中

③ 当把需要的字段都放到窗体后，单击界面右下方视图栏中的"窗体视图"按钮，就可以查看窗体中的内容了。

（6）对窗体的操作

用户可以对窗体进行操作，主要是指对控件的操作和对记录的操作。在窗体中的文本框、图像及标签等对象被称为控件，用于显示数据和执行操作，可以通过控件来查看信息和调整窗体中信息的布局。利用窗体还可以查看数据源中的任何记录，也可以对数据源中的记录进行插入、修改等操作。

① 控件操作

控件操作主要包括调整控件的高度、宽度，添加控件和删除控件等操作。这些操作可以通过单击界面右下方视图栏中的"布局视图"按钮，在布局视图中进行，还可以单击"设计视图"按钮，在设计视图中进行。

② 记录操作

记录操作主要包括浏览记录、插入记录、修改记录、复制及删除记录等，通过这些操作就可以对数据源中的信息进行查看和编辑，这些操作通过窗体下方的记录选择器来完成，如图 7.24 所示。

浏览记录：选择记录选择器中的 ◀ 或 ▶ 按钮，就可以查看所有记录；选择 ◀| 或 |▶ 按钮，就可以查看第一条记录或最后一条记录。

图 7.24　记录选择器

插入记录：选择记录选择器中的 ▶ 按钮，就会在表的末尾插入一个空白的新记录。

修改记录：选择文本框控件中的数据，输入新的内容。

复制记录：选择窗体左侧的 ▶ 按钮，选择需要复制的记录，单击鼠标右键，在弹出的快捷菜单中选择"复制"命令，切换到目标记录，还是在窗体左侧单击右键，在弹出的快捷菜单中选择"粘贴"命令，这样，源记录中每个控件的值都被复制到目标记录的对应控件中。

删除记录：选择窗体左侧的 ▶ 按钮，选择要删除的整条记录，按【Delete】键或者单击"开始"选项卡中"记录"栏中的"删除"按钮。

2. 报表

报表（report）是数据库中数据输出的另一种形式。它不仅可以将数据库中的数据分析、处理的结果通过打印机输出，还可以对要输出的数据完成分类小计、分组汇总等操作。在数据库管理系统中，使用报表会使数据处理的结果多样化。报表也是 Access 2007 中的重要组成部分，是以打印格式显示数据的可视性表格类型，可以通过它控制每个对象的显示方式和大小。

创建报表的方法如下。

（1）快速创建报表

选择要用于创建报表的数据库文件，选择"创建"选项卡，单击"报表"栏中的"报表"按钮，系统就会自动创建出报表。

（2）创建空报表

创建空报表方法很简单，具体如下。

① 打开要创建报表的数据库文件，选择"创建"选项卡，单击"报表"栏中的"空报表"按钮。

② 系统创建出如图 7.25 所示的没有任何内容的空报表，可以按照在空白窗体中添加字段的方法为其添加字段。

（3）通过向导创建报表

通过向导创建报表的方法如下。

① 打开要创建报表的数据库文件，选择"创建"选项卡，单击"报表"栏中的"报表向导"按钮。

② 在弹出的"报表向导"对话框中，在"可用字段"中选择需要的字段添加到"选定字段"中，单击"下一步"按钮，打开如图 7.26 所示的对话框。

③ 在分组级别对话框左侧的列表框中选择字段，单击 > 按钮将其添加到右侧的列表框中，这样，选择的字段就出现在右侧列表框中的最上面，单击"下一步"按钮，打开如图 7.27 所示的"选择排序字段"对话框。

图 7.25　空白报表

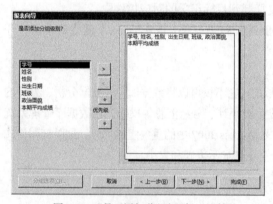

图 7.26　"是否添加分组级别"对话框

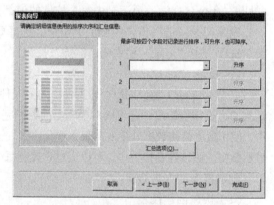

图 7.27　"选择排序字段"对话框

④ 在打开的对话框中选择合适的布局方式和方向，单击"下一步"按钮。

⑤ 在打开的"请确定所用样式"对话框中选择合适的样式，单击"下一步"按钮。在打开的"请为报表指定标题"对话框中，输入文本，单击"完成"按钮，完成报表的创建。

（4）在设计视图中创建报表

在设计视图中创建报表的方法如下。

① 打开要创建报表的数据库文件，选择"创建"选项卡，单击"报表"栏中的"报表设计"按钮，系统就会创建出带有网络线的窗体。

② 在窗体右侧出现"字段列表"窗格，从"字段列表"窗格中把需要的字段拖曳到带有网络线的报表中。

③ 添加完后，单击视图栏中的"报表视图"按钮，切换到报表视图中就可以查看报表。

四、实验范例

1. 实验内容

（1）创建"学籍管理"数据库，其表结构如表 7.1 所示。

（2）对学籍管理数据库创建窗体。

任选上述方法中的一种来创建窗体，在这里选择创建窗体中的多个项目按钮，然后再选择窗口右上方的自动套用格式中的任意一种，如图 7.28 所示。

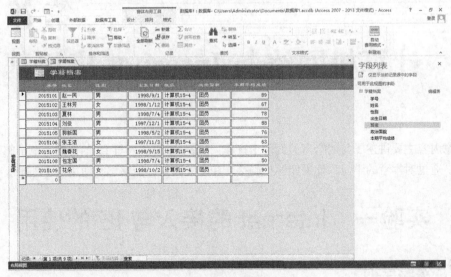

图 7.28　窗体自动套用格式

（3）在报表向导对话框中将要显示的"学号""姓名""性别""本学期平均成绩"选中后单击两次"下一步"按钮后在所处对话框中选择按"本学期平均成绩"降序排列，如图 7.29 所示，单击"完成"后即可显示出报表结果。将该报表保存，并可打印输出。

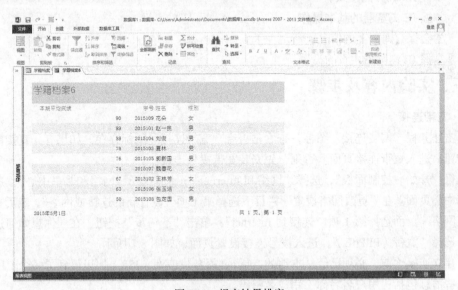

图 7.29　报表结果排序

五、实验要求

（1）建立对一个学生个人信息表的窗体和报表。

（2）建立对一个公司通讯录的窗体和报表。

第8章
计算机网络与 Internet 应用基础

本章内容主要讲述了与网络有关的两个操作：Internet 的接入与 IE 的使用、电子邮箱的收发与设置。通过对本章的学习，读者能够正确接入和配置网络，能够熟练使用电子邮箱。

实验一　Internet 的接入与 IE 的使用

一、实验学时

2 学时。

二、实验目的

◇ 掌握 Internet 的接入。
◇ 掌握 IE 浏览器的基本操作。
◇ 学会保存网页上的信息。
◇ 掌握 IE 浏览器主页的设置。

三、实验内容及步骤

1. 宽带连接

单击任务栏"网络连接"图标，查看是否有"宽带连接"图标存在。如果有，直接单击"连接"按钮，进入宽带连接页面。否则，先安装宽带拨号连接。

执行"开始→控制面板"，选择"网络和 Internet"，然后选择"网络和共享中心"，进入网络和共享中心页面。在"更改网络设置"栏目下选择第 1 项"设置新的连接或网络"，然后在"设置连接或网络"页面选择第 1 项"连接到 Internet"；单击"下一步"按钮，在"你想如何连接？"页面，选择"宽带（PPPoE）"，进入拨号连接设置页面，如图 8.1 所示。

在建立连接之前，必须已经从本地的 Internet 服务供应商（ISP）那里得到了一个上网的用户名，这些信息包括：用户名名称、用户名密码。

（1）在"用户名："栏目里，输入从本地网络服务商那里获得的用户名。

（2）在"密码："栏目里，输入从本地网络服务商那里获得的密码。

（3）在"连接名称"栏目里，可以输入自定义的网络连接名称。

（4）现在一个新的拨号连接就建立好了，单击"连接"按钮，会出现如图 8.2 所示的窗口，进行宽带连接验证。验证成功以后，会出现如图 8.3 所示的连接设置成功页面。

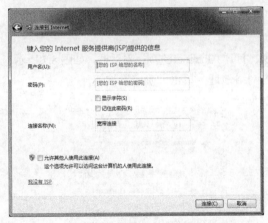

图 8.1　设置拨号连接信息

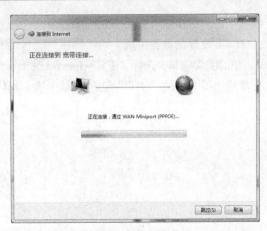

图 8.2　宽带连接验证

（5）下一次需要使用拨号连接时，只需在任务栏单击"网络"图标，选择"宽带连接按钮"，进入如图 8.4 所示宽带连接页面。

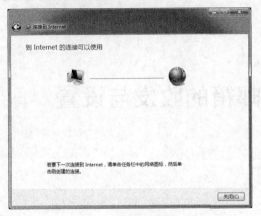

图 8.3　连接设置成功

图 8.4　宽带连接页面

（6）在宽带连接页面仍然需要输入用户名和密码，然后单击"连接"按钮，即可连入网络。如果需要下次快速登录，省去输入用户名和密码的步骤，可以选择"为下面用户保存用户名和密码"复选框，下次登录时就可以省略输入密码的步骤。

2. IE 浏览器的使用

（1）启动 IE 浏览器

双击桌面上的 IE 浏览器图标，或者选择"开始"菜单里的"Internet Explorer"命令，进入 IE 浏览器窗口。

（2）浏览网页信息

在浏览器的"地址栏"中输入网络地址，访问指定的网站，这时请输入 http://www. baidu.com/，按【Enter】键，访问百度网站，如图 8.5 所示。

（3）收藏网页信息

单击页面左上角"收藏夹"按钮，选择

图 8.5　百度网站

收藏当前网页信息，如图 8.6 所示。单击"添加"按钮，完成页面收藏。

（4）设置浏览器主页

在浏览器窗口，选择"工具→Internet 选项"命令，打开"Internet 选项"对话框，如图 8.7 所示，在常规选项卡中的"主页"选项区域中输入具体的网络地址，单击"确定"按钮。

图 8.6　收藏百度网站　　　　　　图 8.7　修改 IE 浏览器主页

实验二　电子邮箱的收发与设置

一、实验学时

1 学时。

二、实验目的

◇　申请一个免费的电子邮箱。

◇　进行简单的邮件管理。

◇　在线收发电子邮件。

三、实验内容及步骤

1. 申请一个免费信箱

利用网易 126 免费邮申请一个免费的信箱。

（1）在浏览器中输入 http://mail.126.com/，然后按下【Enter】键，进入网易 126 免费邮界面，如图 8.8 所示。

（2）单击图 8.8 中所示页面左侧的"注册"按钮，进入如图 8.9 所示"邮箱注册"窗口。在这个页面有 3 种邮箱可以选择，可以根据自己的喜好进行注册，我们以"注册字母邮箱"为例。

（3）单击"注册字母邮箱"，填写相应的用户资料，如图 8.9 所示。

（4）勾选"同意'服务条款'和'隐私权相关政策'"，单击"立即注册"按钮，126 邮箱注册成功，然后会进入 126 免费邮箱页面，如图 8.10 所示。

图 8.8　网易 126 免费邮首页

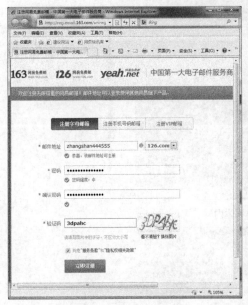

图 8.9　邮箱注册窗口

图 8.10　网易 126 邮箱页面

2. 邮件的收发

（1）单击"收件箱"进入收件箱界面，查看所有收到的电子邮件列表，如图 8.11 所示。

（2）单击收件箱中某一个邮件，即可查看此邮件内容，例如，单击发件人为"网易邮件中心"的邮件，即可查看此邮件的具体内容，如图 8.12 所示。

（3）单击"写信"按钮，进入发送邮件界面，如图 8.13 所示。在收件人栏中输入收件人的邮箱地址，在主题栏中输入邮件的主题，在邮件主体部分输入邮件的内容，然后单击"发送"按钮，邮件就发送到了收件人信箱。

（4）添加邮件附件。在图 8.13 所示页面中，单击"添加附件"按钮，打开"上载附件"窗口，如图 8.14 所示。

图 8.11　收件箱窗口界面

图 8.12　查看邮件的具体内容

图 8.13　发邮件界面

　　单击"浏览"按钮，打开"选择文件"对话框，选择要作为邮件附件上传的文件，单击"打开"按钮即可返回图 8.14 所示界面，如有多个附件，可以再次单击图 8.14 所示"添加附件"按钮，选择下一个邮件附件。

图 8.14　粘贴附件

（5）创建地址簿。

　　单击邮箱上部的"通讯录"按钮，进入通讯录的管理窗口，如图 8.15 所示，单击"新建联系人"按钮，进入新建联系人窗口，输入必须填写的信息和输入可选择填写的信息，如图 8.16 所示，填写完成后单击"确定"按钮，创建联系人成功。

图 8.15　选择新建联系人

图 8.16　填写联系人信息

第9章
网页制作

本章以 Dreamweaver 8 为例，详细介绍网页的设计方法，包括网站与网页的关系以及网页中文本、图像、声音、表格、表单、框架的处理方法。通过对本章的学习，可使读者掌握网页设计的基本思想和方法，能够实现简单网页的设计。

实验一　网站的创建与基本操作

一、实验学时

2 学时。

二、实验目的

◇　熟悉 Dreamweaver 8 的开发环境。
◇　了解网页与网站的关系。
◇　了解构成网站的基本元素。
◇　掌握在网页中插入图像、文本的方法。
◇　掌握网页中文本属性的设置方法。
◇　了解网页制作的一般步骤。

三、相关知识

网站是由网页通过超级链接形式组成的。网页是构成网站的基本单位，当用户通过浏览器访问一个站点的信息时，被访问的信息最终以网页的形式显示在用户的浏览器中。网页上最常见的功能组件元素包括站标、导航栏、广告条。而色彩、文本、图片和动画则是网页最基本的信息形式和表现手段。

Dreamweaver 8 是 Macromedia 公司开发的专业网页制作软件，是当今比较流行的版本。它与 Flash 8 和 Fireworks 8 一起构成"网页三剑客"，深受广告网页设计人员的青睐。它不仅可以用来制作出兼容不同浏览器和版本的网页，同时还具有很强的站点管理功能，是一款"所见即所得"的网页编辑软件，适合不同层次的人使用。

四、实验范例

制作一个简单的个人主页，完成效果如图 9.1 所示。

具体操作步骤如下。

图 9.1　个人主页图示

1. 创建站点文件夹

创建网页前，先要为网页创建一个本地站点，用来存放网页中的所有文件。首先在本地计算机的硬盘上创建一个文件夹，如在本地磁盘 D 盘下创建一个名称为 Mypage 的文件夹，用来存放站点中的所有文件。并在该文件夹下创建一个子文件夹 Image，用来存放站点中的图像。

2. 创建本地站点

启动 Dreamweaver 8，进入 Dreamweaver 8 的界面。选择菜单命令"站点→新建站点"，在弹出的"我的个人网站的站点定义为"对话框中单击"高级"标签，设置站点名称，如"我的个人网站"。本地根文件夹和默认图像文件夹即在步骤 1 中创建的文件夹"D:\Mypage"和"D:\Mypage\Image"，如图 9.2 所示。

3. 新建文档

单击"文件"菜单中的"新建"，或者按下【Ctrl】+【N】组合键，在弹出的"新建文档"对话框中选择创建一个 HTML 页面，单击"创建"按钮，即可创建一个网页文档。

4. 修改网页标题并保存文档

在文档工具栏的"标题"文本框中输入网页标题，在此输入"欢迎进入我的空间"，如图 9.3 所示。输入

图 9.2　创建本地站点

后，按下【Ctrl】+【S】组合键，在弹出的"另存为"对话框中，选择保存到本地站点的根目录下，并命名为"index.html"，单击"保存"按钮保存文档，文件名随即显示在应用窗口顶部标题栏的括号中。

图 9.3　设置网页的标题

5. 输入文本，设置网页的主题和导航条，并设置文本属性

在第1行输入网页的主题，如"轻舞飞扬——我的个人空间"，在"属性"面板中设置该文本的属性，如"轻舞飞扬"4个字的字体设置为华文彩云，大小为36点数，文本颜色为#FF6666，"我的个人空间"字体为宋体，大小为24点数，颜色为#FF9900，文本均居中显示。

按下回车键换行，将输入法调整到全角模式，依次输入"我的图片""我的音乐""我的作品""网络文摘"和"给我留言"作为站点页面的导航栏，在每个栏目之间输入一个空格。选中所输入的文本，在文本的"属性"面板中将字体设置为宋体，大小为24点数，颜色为#FF00CC，居中对齐，如图9.4所示。

图9.4　导航条的设置

6. 插入图像

按下回车键换行，选择菜单命令"插入→图像"，弹出"选择图像源文件"对话框，从存放图像的文件夹下选择一个图像文件，如本例选择了"D:\ Mypage\Image\bj.jpg"文件，单击"确定"按钮。

7. 插入水平线，输入联系方式

按下回车键换行，选择菜单命令"插入→HTML→水平线"，在文档中插入水平线，并在"属性"面板中设置水平线的属性：宽度为560像素，高度为2像素。再次按下回车键换行，输入文本"联系地址：郑州轻工业学院　邮政编码：450002　电话：0371—XXXXXXXX"。选择所有刚刚输入的文字，在"属性"面板中设置字体为宋体，大小为16点数，单击居中对齐按钮，将文本对齐到文档的中心。效果如图9.5所示。

图9.5　网页设置效果

8. 设置背景颜色

网页背景颜色默认为白色，如要修改网页背景颜色，可单击"修改"菜单中的"页面属性"菜单项，或者按下【Ctrl】+【J】组合键，弹出"页面属性"对话框，在"分类"列表中选择"外观"选项，在右侧将"背景颜色"设置为自己喜欢的与网页整体协调的颜色，如图9.6所示。

图9.6　背景颜色的设置

9. 保存文件

前面的操作执行完成后，按下【Ctrl】+【S】组合键保存文件。至此，一个简单的个人主页就完成了。

五、实验要求

熟悉 Dreamweaver 8 的开发环境，掌握网站创建的一般步骤，并熟悉各种网页元素的添加、设置和使用；能够进行图片、文本的添加，并设置相应的属性；能够独立完成一个个人网站的创建。

实验二　网页中的表格和表单的制作

一、实验学时

2 学时。

二、实验目的

◇　掌握使用表格来排版布局网页的方法。
◇　掌握对表格属性和单元格属性的设置方法。
◇　掌握页面属性的设置方法。
◇　掌握图像和文本的添加方法，并能设置其属性。
◇　掌握表单和表单对象的插入方法及其属性的设置。
◇　掌握超级链接的建立方法。
◇　熟悉网站的创建和打开过程。

三、相关知识

网页中，表格的基本操作有：插入表格、表格属性设置、单元格属性设置、表格的选取、添加删除行和列、合并/拆分单元格和在表格中插入网页元素。

在页面中添加表单传递数据需要两个步骤，一是制作表单，二是编写处理表单提交的数据的服务器端应用程序或客户端脚本，通常是 ASP、JSP 等。

网站中最常见的表单应用是注册页面、登录页面等，也就是客户向服务器提交信息的"场合"。以申请论坛会员为例，用户填写好表单，单击某个按钮提交给服务器，服务器记录下用户的资料，并提示给用户操作成功的信息，还会返回给用户账号等信息，这时就成功完成了一次与服务器的交互，用户登录论坛时，要填写正确的账户和密码，提交给服务器，服务器审核正确后，才允许用户登录论坛，有时候还会分配给用户一些会员才有的权限。

四、实验范例

1. 使用表格制作网络图片欣赏页面

制作"我的图片"的页面，效果如图 9.7 所示，并与"轻舞飞扬——我的个人空间"进行链接，具体操作步骤如下。

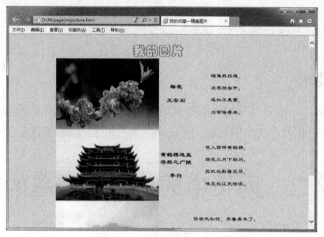

图 9.7 "我的图片"页面

（1）打开站点

启动 Dreamweaver 8，进入 Dreamweaver 8 的操作界面，单击"站点"菜单中的"管理站点"菜单项，弹出如图 9.8 所示的"管理站点"对话框，选择"我的个人网站"，单击"完成"按钮后打开该站点。

（2）新建文档，修改网页标题，并保存

单击"文件"菜单中的"新建"菜单项，在弹出的"新建文档"对话框中选择创建一个 HTML 格式的基本页，此时会显示出一个空白网页，在"标题"文本框中输入"我的收藏——精美图片"，按下【Ctrl】+【S】组合键，在弹出的"另存为"对话框中，选择保存到本地站点根目录下，并将文件命名为"mypicture.html"，单击"保存"按钮，保存文档。

（3）插入表格

单击"插入"菜单中的"表格"菜单项，弹出"表格"对话框。将该对话框中的"行数"设置为 6，"列数"设置为 3，"表格宽度"设置为 600 像素，"边框粗细"设置为 0，"单元格边距"设置为 0，如图 9.9 所示。设置完成后单击"确定"按钮，在"属性"面板的"对齐"下拉列表中选择"居中对齐"，将表格对齐到文档的中心，此表格标记为表格 1。

图 9.8 "管理站点"对话框

图 9.9 插入表格

（4）合并单元格

选择表格的第 1 行，选择菜单命令"修改→表格→合并单元格"，将第 1 行的 3 个单元格合并为一个单元格，如图 9.10 所示。

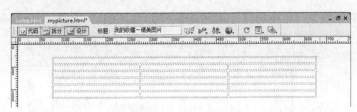

图9.10 合并单元格

（5）文本录入

将光标置于合并后的单元格中，输入文字"我的图片"，并在"属性"面板中设置文本的属性：字体为华文彩云、加粗，大小为36像素，颜色为#CC3366，对齐方式为居中。

（6）插入图片并录入文本

将光标置于第2行第1列中，选择菜单命令"插入→图像"，弹出"选择图像源文件"对话框，从该文件夹下选择一个图像插入，调整图片的大小。

将光标置于第2行第2列中，输入与图片配套的诗词题目与作者，在"属性"面板中设置文本的属性：字体为隶书、加粗，大小为18像素，颜色为黑色，对齐方式为居中。在第2行第3列中，输入诗词的内容，并在"属性"面板中设置文本的属性：字体为隶书，大小为16像素，颜色为黑色，对齐方式为居中。

用同样的方式，向其余各行中插入图片，录入文本，并设置文本的格式，如图9.11所示。

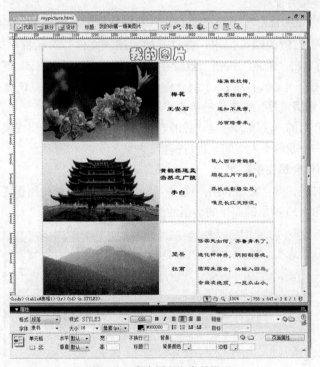

图9.11 表中图和文字的设置

（7）设置表格的背景与页面的背景

将鼠标置于表格边框上单击，下方将出现表格的"属性"面板。在属性面板中，设置背景颜色为#CCCCFF。

在页面任一空白处单击，在下方的"属性"面板中选择"页面属性"按钮，单击进入页面属性对话框，设置背景颜色与表格的背景颜色一样，即# CCCCFF，如图 9.12 所示。

图 9.12　页面背景颜色的设置

（8）保存文件并浏览

按下【Ctrl】+【S】组合键保存文件。按下【F12】键，在浏览器中浏览，效果如图 9.7 所示。

（9）创建超级链接并保存

打开网页文件“index.html”，在文档窗口中选择导航栏中的文本“我的图片”，在属性面板中单击“链接”文本框右侧的浏览按钮，在打开的“选择文件”对话框中选择链接的目标文件“mypicture.html”后单击“确定”按钮。继续在“属性”面板的“目标”下拉列表中选择链接的打开为“_blank”，按下【Ctrl】+【S】组合键保存。在浏览器中浏览该页面，可以看到已经为“我的图片”创建了超级链接，单击该链接文字即可打开图片页面。

可以按照上面介绍的方法继续创建“我的音乐”“我的作品”“网络文摘”和“给我留言”页面并与“轻舞飞扬——我的个人空间”进行链接。

2. 使用表单制作会员注册页面

在登录网站的时候，常常会需要用户注册个人信息，这种页面的制作需要用到表单。这里将用表单制作一个如图 9.13 所示的简单的会员注册页面。

图 9.13　一个简单的会员注册界面

具体操作步骤如下。

（1）创建本地站点

和实验一中创建站点的操作方法相同，先在本地计算机的硬盘上创建一个文件夹，如"D:\ Member_registration"，用来存放站点中的所有文件。在该文件夹下创建一个子文件夹 Image，用来存放站点中的图像。打开 Dreamweaver 8，新建站点并命名为"会员注册"，将本地根文件夹和默认图像文件夹设置为之前创建的文件夹。

（2）新建文档并修改网页标题

新建一个 HTML 文档，在"标题"文本框中输入"填写注册信息_注册"。

（3）设置页面属性

单击"修改"菜单中的"页面属性"菜单项，弹出"页面属性"对话框，在"分类"列表中选择"外观"选项，在右侧将"大小"设置为 12 像素，"文本颜色"设置为#003399，"背景颜色"设置为 # EBF2FA，"上边距"和"下边距"均设置为 0 像素，如图 9.14 所示。

图 9.14　"页面属性"设置对话框

（3）保存文档

按下【Ctrl】+【S】组合键，保存到本地站点根目录下，命名为"zhuce.html"。

（4）插入表格

将光标置于文档窗口中，选择菜单命令"插入→表格"，弹出"表格"对话框。设置"行数"为 1，"列数"为 1，"表格宽度"为 720 像素，"边框粗细"为 0，"单元格边距"为 0，"单元格间距"为 0，单击"确定"按钮。在"属性"面板中将表格对齐到文档中心，此表格标记为表格 1。

（5）插入图片

将光标置于表格中，选择菜单命令"插入→图像"，弹出"选择图像源文件"对话框，找到图片所在文件夹，选择一个图片插入，并调整图片的大小。

（6）插入表单

将光标置于表格的右边，选择菜单命令"插入→表单→表单"，即可在文档中插入显示为红色虚线框的表单，如图 9.15 所示。

图 9.15　表单的插入

（7）在表单中插入表格

将光标置于表单中，选择菜单命令"插入→表格"，弹出"表格"对话框。设置"行数"为 10，

"列数"为3，"表格宽度"为480像素，"边框粗细"为0，"单元格边距"为0，"单元格间距"为5，单击"确定"按钮。在"属性"面板中将表格对齐到文档中心，此表格标记为表格2，如图9.16所示。

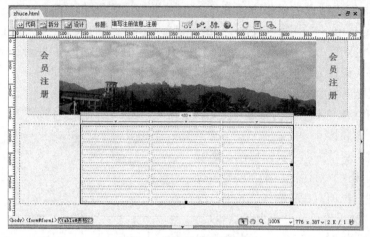

图9.16　在表单中插入表格

（8）输入文本

将光标置于表格2的第1行第1列中，输入文本"用户名"，并调整好单元格的宽度，文本设置为右对齐。同样在第1列下边的7行中分别输入相应文本，如图9.17所示，并将第1列的文本对齐到单元格的右侧。

图9.17　表单中表格第一列的设置

（9）插入单行文本域，设置文本域的属性

调整表格第2、3列的宽度后，将光标置于第1行第3列中，选择菜单命令"插入→表单→文本域"，在表单中插入一个单行文本域。在"属性"面板中将"字符宽度"设置为20，"最多字符数"设置为12，如图9.18所示。

（10）插入单选按钮，并添加图像和文本

将光标置于第2行第3列中，选择菜单命令"插入→表单→单选按钮"，在表单中插入一个单选按钮。在"属性"面板中将"初始状态"设置为"已勾选"。

将光标置于单选按钮后，选择菜单命令"插入→图像"，插入一个小图标，接着输入一个空格，在空格后边输入"男"，如图9.19所示。

图 9.18 文本域的设置

图 9.19 单选按钮的插入及设置

重复上述操作,插入另一个单选按钮,在"属性"面板中将"初始状态"设置为"未选中",并添加图像和文本,设置文本为"女"。

(11)插入密码域

将光标置于第 3 行第 3 列中,选择菜单命令"插入→表单→文本域",在表单中插入一个单行文本域。在"属性"面板中将"字符宽度"设置为 20,"最多字符数"设置为18,选择"密码"类型。第 4 行第 3 列做相同的操作,如图 9.20 所示。

(12)插入复选框

将光标置于第 5 行第 3 列中,选择菜单命令"插入→表单→复选框",在表单中插入一个复选框。将光标置于复选框后,输入文本"旅游"。

图 9.20 密码域的设置

在文本"旅游"后,重复上述步骤,插入 4 个复选框,并输入相应文本,如图 9.21 所示。

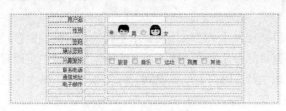

图 9.21 复选框的插入

（13）插入单行文本域

重复步骤（9）的操作，分别在第 6、7、8 行的第 3 列中各插入一个单行文本框，在"属性"面板中将"字符宽度"设置为 20，"最多字符数"设置为 20。对于第 8 行第 3 列的单行文本框，在"属性"面板的"文本域"中输入"email"，并在"初始值"文本框中输入符号"@"，如图 9.22 所示。

（14）插入注册按钮和清除按钮

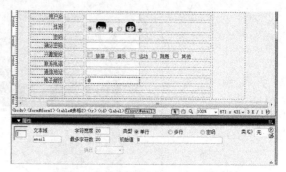

图 9.22 插入电子邮件地址文本域

将光标置于第 10 行第 3 列中，选择菜单命令"插入→表单→按钮"，在表单中插入一个按钮。在"属性"面板中将"值"设置为"注册"，其余设置保持默认不变。

将光标置于注册按钮后，输入法设置为全角，输入两个连续的空格，重复上一步骤，再次插入一个按钮，设置"属性"面板中的"值"为"清除"，"动作"为"重设表单"，如图 9.23 所示。

至此，一个简单的会员注册页面就完成了。

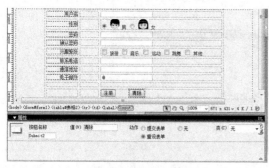

图 9.23 按钮的设置

五、实验要求

熟练掌握表格的添加、设置方法，掌握表单及表单元素的添加和设置方法，能够独立运用表格和表单的相关技术来排版布局网页，并创建一个新会员注册网页，链接到实验一的个人网站中。

实验三 框架网页的创建

一、实验学时

2 学时。

二、实验目的

◇ 理解框架集与框架的概念。
◇ 掌握框架的基本分布结构和各个框架页面之间的相互联系。
◇ 能够利用框架结构创建框架页面。

三、相关知识

框架是指浏览器窗口被分为几个区域分别显示不同的内容的页面布局方式。与表格布局不同的是，框架是将浏览器窗口分为几个不同的区域，在不同的区域中可以显示不同的网页文档的内容，从而可以对每个区域中显示的内容单独控制，并且在页面上某个区域的内容发生改变时，其他区域的内容可以保持不变。

框架集文件简单地说就是框架的集合，它记录了页面内的每一个框架的信息，包括它们如何在页面中显示，以及每个框架中要显示的页面的链接。

一个框架集文件用<frameset>标签标识，它包括了其中的框架的大小和位置等信息，一个框架用<frame>标签标识，它包括了要在这个框架中显示的页面的链接和其他一些信息。

四、实验范例

采用框架结构创建一个如图 9.24 所示的简单的个人网上书屋。

具体操作步骤如下。

（1）创建本地站点

（2）新建框架集

单击"文件"菜单中的"新建"菜单项，在弹出的"新建文档"对话框的"类别"列表中选择"框架集"选项，右侧将显示出框架集的设置类型，从中选择"上方固定，左侧嵌套"的框架结构，如图 9.25 所示。单击"创建"按钮，即可创建框架集页面。每个框架的标题使用默认设置。

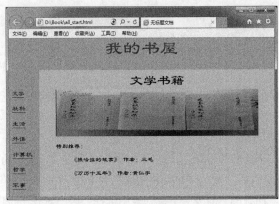

图 9.24　框架结构的网上书屋页面　　　　图 9.25　新建框架集

（3）保存文档，修改网页标题

单击"文件"菜单中的"保存全部"菜单项，在弹出的"另存为"对话框中，依次将框架集网页和框架网页命名为"all_start.html""main.html""left.html"和"top.html"，并保存在本地站点的根目录下。

（4）制作上方框架中的网页

① 设置页面属性

将光标置于上方框架中，单击"修改"菜单中的"页面属性"菜单项，弹出"页面属性"对话框，在"分类"列表中选择"外观"选项，在右侧将"背景颜色"设置为#33CCFF，"上边距"和"下边距"设置为 0，如图 9.26 所示。

② 输入文本

输入网页的主题，如"我的书屋"，在"属性"面板中设置该文本的属性，设置字体为隶书，大小为 48 点数，文本颜色为#CC0099，居中显示。

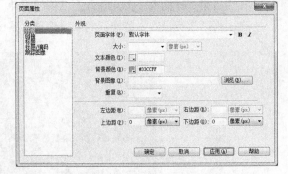

图 9.26　上方框架的页面属性设置

（5）制作左框架中的网页

① 设置页面属性

将光标置于左侧框架中，单击"修改"菜单中的"页面属性"菜单项，弹出"页面属性"对话框，在"分类"列表中选择"外观"选项，在右侧将"背景颜色"设置为#33CCFF，"上边距"和"下边距"设置为0。

② 录入文本，并调整左框架大小

依次录入"文学""社科""生活""外语""计算机"等文本作为图书的分类目录，在属性面板中设置文本属性：字体为隶书，大小为18像素，颜色为#FFFFFF。

利用鼠标向右拖曳左边框架边框，改变左框架的大小，以适应文字的大小。

③ 设置左框架的属性

按住【Alt】键，同时在左框架中单击鼠标，选择左框架，在"属性"面板中将"滚动"设置为"自动"，如图9.27所示。

图9.27　左框架属性的设置

（6）制作主框架中的网页

① 设置页面属性

将光标置于主框架中，单击"修改"菜单中的"页面属性"菜单项，弹出"页面属性"对话框中，在"分类"列表中选择"外观"选项，在右侧将"背景颜色"设置为# 33FFFF。

② 插入表格

将光标置于右框架中，选择菜单命令"插入→表格"，弹出"表格"对话框，设置"行数"为3，"列数"为1，"表格宽度"为480像素，"边框粗细"为0，"单元格边距"为0，"单元格间距"为0。单击"确定"按钮，创建表格。在"属性"面板的"对齐"下拉列表中选择"居中对齐"，将表格对齐到文档中心。

③ 填充表格

在表格的第1行输入文本"文学书籍"，设置文本属性：字体为隶书，大小为36像素，颜色为黑色，居中对齐。

在表格第2行插入一个文学方面书籍的图片。

在表格第3行录入一些推荐的书目信息，并设置相应的文本格式，如图9.28所示。

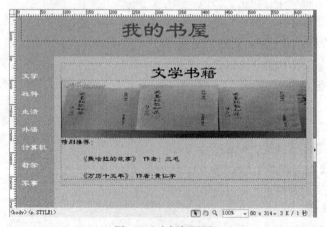

图9.28　主框架网页

④ 保存该框架页面

单击"文件"菜单中"框架另存为"菜单项，将文件命名为"r1.html"，保存在本地站点的根目录下。

⑤ 重复以上步骤，制作主框架中的其他网页"r2.html"～"r7.html"。

（7）创建链接

在左侧框架中选中文本"文学"，在"属性"面板的"链接"文本框中输入"r1.html"，"目标"设置为"mainframe"，创建左侧框架页面与主框架页面的链接。

用相同的方式创建文本"社科""生活"等与其他对应网页的链接。

至此，一个框架网页集就制作完成了。

五、实验要求

了解框架集与框架的概念，能够独立使用上方固定、左侧嵌套的框架结构创建一个学科介绍网站，使用户可以在左侧框架选择自己要关注的学科，在主框架中将该学科的情况做简单介绍。

第10章
常用工具介绍

本章实验主要讲述了一键 Ghost 与 FinalData、WinRAR、视频编辑专家、光影魔术手 4 个常用软件的详细使用方法，通过本章的学习，可使读者掌握这些软件的使用方法，为方便使用计算机提供帮助。

实验一　一键 Ghost 与 FinalData

一、实验学时

1 学时。

二、实验目的

✧　熟悉一键 Ghost V2014.07.18 的使用方式。
✧　能够使用一键 Ghost V2014.07.18 进行系统盘的一键备份和一键恢复。
✧　能够使用一键 Ghost V2014.07.18 进行硬盘克隆与备份，以及分区备份。
✧　能够使用一键 Ghost V2014.07.18 还原备份。
✧　熟悉 FinalData 的使用方法。
✧　能够使用 FinalData 恢复文件。
✧　能够使用 FinalData 恢复 Office 文档。
✧　能够使用 FinalData 恢复电子邮件。

三、相关知识

Ghost 是赛门铁克公司（Symantec.）推出的一个用于系统、数据备份与恢复的工具，是备份系统常用的工具。它可以把一个磁盘上的全部内容复制到另外一个磁盘上，也可以把磁盘内容复制为一个磁盘的镜像文件，以后可以用镜像文件创建一个原始磁盘的拷贝。它可以最大限度地减少安装操作系统的时间，并且多台配置相似的计算机可以共用一个镜像文件。

FinalData 是一款威力非常强大的数据恢复工具，当文件被误删除（并从回收站中清除）、FAT 表或者磁盘根区被病毒侵蚀造成文件信息全部丢失、物理故障造成 FAT 表或者磁盘根区不可读，以及磁盘格式化造成的全部文件信息丢失之后，FinalData 都能够通过直接扫描目标磁盘抽取并恢复出文件信息。

四、实验范例

1．一键 Ghost V2014. 07.18 的使用

（1）下载并安装一键 Ghost V2014. 07.18 并运行。

从网站下载一键 Ghost V2014.07.18，安装后双击桌面上的"一键 Ghost"图标，弹出"一键备份 C 盘"对话框。

（2）使用一键 Ghost V2014. 07.18 进行系统的备份和恢复—一键备份与一键恢复。

（3）使用一键 Ghost V2014. 07.18 手动分区备份与还原备份。

2．FinalData 的使用

（1）下载安装 FinalData 3.0 版，并运行。

下载安装程序后，打开软件弹出 FinalData 用户界面。

（2）使用 FinalData 简体中文 3.0 版扫描丢失文件。

（3）打开主程序，选择要恢复文件的驱动器，启动"簇扫描"，使用 FinalData 简体中文 3.0 版查找丢失的文件。

（4）扫描后，使用 FinalData 简体中文 3.0 版恢复误删除的文件。

（5）启动 FinalData 简体中文 3.0 版"文件恢复向导"，使用"Office 文件修复"，尝试修复 office 文档。

（6）使用文件恢复向导，恢复已删除的电子邮件。

五、实验要求

（1）能够独立操作一键 Ghost V2014. 07.18 软件与使用 FinalData 简体中文 3.0 版软件完成上述实验。

（2）通过实验，区分在使用一键 Ghost V2014.07.18 软件进行备份和恢复时一键操作与手动操作的不同之处。

（3）通过对 FinalData 简体中文 3.0 版软件的使用，了解各种文件恢复方法及各种方法之间的区别，熟练掌握其操作方式。

实验二　WinRAR

一、实验学时

1 学时。

二、实验目的

✧　学会使用 WinRAR 进行文件的压缩。

✧　学会使用 WinRAR 进行文件的解压缩。

三、相关知识

较大的文件在移动存储或转发的时候通常会遇到移动存储设备如U盘等容量不足的问题，用文件的压缩程序可以予以解决。一般文件经过压缩后体积会缩减到原来的10%～70%，如果压缩后一张磁盘还放不下，压缩软件还可以把它分到几张盘上去。文件压缩后变成.rar 或其他类型的压缩文件，再运行压缩程序时可以对其解压缩，恢复成原来的样子。文件还可以压缩成自解压文件（EXE文件），直接运行它就可以解压缩。常用的文件压缩软件有 Winzip、WinRAR 等。其中，WinRAR 体积小，使用方便，本书主要介绍它的使用方法。

四、实验范例

本实验将以 WinRAR 为例，介绍文件的压缩、解压缩的方式。

下载 WinRAR 的网址是 www.rarsoft.com，5.21 版。下载 Winzip 的网址是 www.winzip.com。

下载（或从其他渠道复制）来的 WinRAR 5.21 版安装程序是一个自解压程序。双击它运行后，出现如图 10.1 所示的窗口。

可以在上方选择安装的文件夹位置，默认（不选择）位置为 C:\Program Files\WinRAR，单击"Install"（安装）按钮，在出现的安装选项窗口中单击"OK"按钮，再在出现的注册窗口中单击"Done"（完成）按钮，就可以把程序解开压缩到指定的文件夹中去了。

操作步骤如下。

（1）单击"开始"菜单中"所有程序"里的"WinRAR"下的"WinRAR"图标，即可进入 WinRAR 运行主界面，如图 10.2 所示。

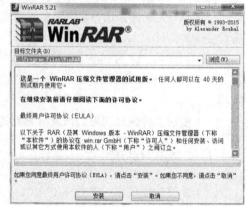

图 10.1 WinRAR 的安装窗口

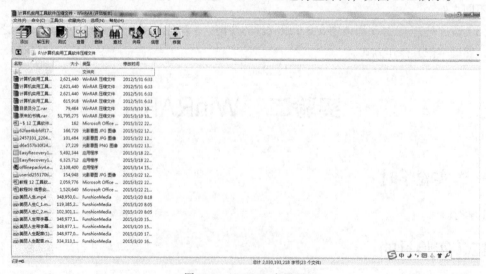

图 10.2 WinRAR 主界面

（2）压缩文件。

① 选取"命令"菜单中的"添加文件到档案文件"或单击工具栏上的"添加"按钮，屏幕将

出现如图 10.3 所示"压缩文件名和参数"对话框。

② 在"常规"选项卡下的"压缩文件名"下的文本框中直接输入压缩后的文件名,则压缩后的文件以该文件名保存在默认文件夹中。也可以通过"浏览"按钮选择保存路径。以在默认文件夹下输入"计算机实用工具软件压缩文件"为例。

③ 在"文件"选项卡下的"压缩文件名"中输入想要压缩的文件名(如果要压缩整个文件夹下的文件,则输入文件夹名),也可通过"附加"按钮在弹出的对话框中选择要压缩的文件(或文件夹),如图 10.4 所示。

④ 单击"确定"按钮,则压缩结果如图 10.5 所示。

图 10.3 "压缩文件名和参数"对话框

图 10.4 "请选择要添加的文件"对话框

图 10.5 压缩结果

(3)解压缩文件。

① 首先选中要解压的文件,再选取"命令"菜单中的"解压到指定文件夹",或单击工具栏中的"解压到"按钮,屏幕将出现如图 10.6 所示的"解压路径和选项"对话框。

② 系统在"目标路径"中输入默认的解压路径,可以自己在文本框中输入文件存放路径,也可在右边的窗口中进行选择。以默认的解压路径进行解压,结果如图 10.7 所示。

图 10.6 "解压路径和选项"对话框

图 10.7 解压后的界面

五、实验要求

能够独立使用 WinRAR 进行文件的压缩和解压缩。

实验三　视频编辑专家

一、实验学时

1 学时。

二、实验目的

✧　能够熟练使用视频编辑专家的各种功能编辑视频。

三、相关知识

个人视频的新时代已经来临了，在这个时代里，任何人都可以坐在家用计算机前，制作出品质堪与摄影棚摄影效果媲美的影片。

视频编辑专家不仅仅是对素材的简单合成，还包括了对原有素材进行再加工，实现导出视频独特展示效果，譬如图片间的转场特效、MTV 字幕同步、字幕特效、简单的视频截取等。

视频编辑专家其实是对图片、视频、音频等素材进行重组编码工作的多媒体软件。重组编码是将图片、视频、音频等素材进行非线性编辑后，根据视频编码规范进行重新编码，转换成新的格式，如 VCD、DVD 格式，这样图片、视频、音频无法被重新提取出来，因为已经转化为新的视频格式，发生了质的变化。

视频编辑专家的另一个重要技术特征在于，除了具有图片转视频的技术、优秀专业的视频编辑软件，还具有为原始图片添加各种多媒体素材，实现制作出的视频图文并茂的展示，譬如，为图片配音乐，添加 MTV 字幕效果，各种相片过渡转场特效等。

四、实验范例

本实验将练习使用视频编辑专家进行视频编辑，熟练掌握视频分割与合并、视频转换、视频切割、配音配乐、添加字幕等功能。

1. 视频编辑专家的安装

（1）打开 IE 浏览器，进入视频编辑软件官网锐动天地 http://www.17rd.com/，如图 10.8 所示。

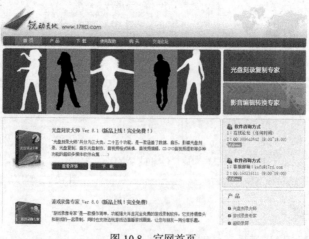

图 10.8　官网首页

（2）进入产品页面，可以看到其中有视频编辑专家 8.0 版，单击"查看详情"按钮，进入产品下载页面，如图 10.9 所示。

（3）进入产品下载页面后，单击"下载"按钮，下载软件到计算机，弹出如图 10.10 所示界面。

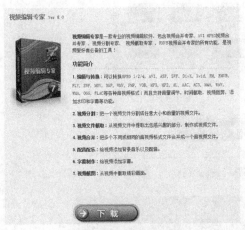

图 10.9　产品下载页面

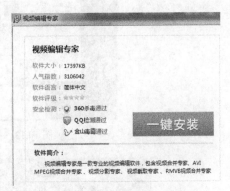

图 10.10　下载软件到计算机

（4）单击"一键安装"按钮，按照提示步骤操作，安装软件，如图 10.11 所示。

（5）按照提示步骤，完成软件的安装。打开视频编辑专家，其主界面如图 10.12 所示。

图 10.11　视频编辑专家安装界面

图 10.12　视频编辑专家主界面

2．练习视频的编辑与转换

（1）单击"编辑与转换"选项，然后单击"添加文件"按钮，选择添加需要转换的视频文件，如图 10.13 所示。

（2）添加文件后，单击"打开"按钮，然后选择将要转换的格式，如 RMVB 格式，单击"确定"按钮，继续单击"下一步"按钮，如图 10.14 所示，跳转到输出设置页面，此时可以设置输出目录，也可以更改目标格式，同时可以选中"显示详细设置"来对视频进行更为详细的设置。

（3）继续单击"下一步"按钮，等待进度条完成，即完成整个视频格式的转换。

图 10.13　打开需要转换的视频

图 10.14　视频输出设置

3. 视频的分割、合并与截取

（1）有时候为了方便存储或者转发，抑或是只需要保留一段较长的视频中的某一小段，我们需要将视频截取或者分割开来。而在某些情况下，又需要把多段视频合并在一起。

① 在"视频编辑工具"列表中选择"视频分割"选项，在弹出的"视频分割"对话框中，单击"添加文件"按钮，然后在弹出的"打开"对话框中选择视频文件，单击"打开"按钮，之后单击"下一步"按钮，如图 10.15 所示。

② 此时系统将自动弹出"浏览计算机"对话框，选择输出视频目录并单击"确定"按钮，然后选中"平均分割"选项，将分割值设置为"5"，随后单击"下一步"按钮，此时系统将自动分割视频，等待分割进度完成即可，如图 10.16 所示。

（2）视频合并是视频分割的反向操作，是将几个视频剪辑在一起便于观看。

图 10.15　打开视频分割并添加文件

图 10.16　设置分割参数

①　选择"视频合并"，然后单击"添加"按钮，在弹出的"打开"对话框中选择需要合并的视频文件，可按住【Ctrl】键的同时选择多个文件，并单击"打开"按钮，然后单击"下一步"按钮。

②　在弹出视频合并列表后，单击"输出目录"选项对应的文件夹按钮，在弹出的对话框中选择保存位置，并单击"保存"按钮，输入要合并的文件名字，单击"下一步"按钮，此时系统将自动分割视频，并显示分割进度和详细信息，等待其完成即可。

（3）视频截取是截取视频中的其中一段加以保留，同时截掉视频中不需要的部分。

①　选择"视频截取"然后添加要截取的视频文件，设置输出目录，单击"下一步"按钮转到下一个动作，如图 10.17 所示。

图 10.17　添加视频文件

② 调整进度条设置要截取视频段落的开始时间与结束时间，然后单击"下一步"按钮。如图 10.18 所示。

图 10.18　设置截取时间

③ 等待进度条完成，即成功截取视频。

五、实验要求

能够独立使用视频编辑专家中的各种功能对视频进行编辑，如视频分割、视频截取、添加字幕、添加配乐等。

实验四　光影魔术手的使用

一、实验学时

1 学时。

二、实验目的

✧　学习照片美化工具光影魔术手的使用方法。
✧　能够使用光影魔术手为照片添加边框。
✧　能够使用光影魔术手对照片显示效果进行编辑调整。
✧　能够使用光影魔术手为照片添加文字。
✧　能够使用光影魔术手对多张照片进行批量处理。

三、相关知识

光影魔术手是款针对图像画质进行改善提升及效果处理的软件。它简单、易用，不需要任何专业的图像技术，就可以制作出专业胶片摄影的色彩效果，且其批量处理功能非常强大，具有快速对摄影作品进行后期处理、图片快速美容等功能，能够满足大部分人照片后期处理的需要。

四、实验范例

（1）使用光影魔术手添加边框

①　在光影魔术手编辑窗口中打开一张素材照片，然后单击上方的边框选项，展开"边框合成"卷展栏，单击需要的边框，如图 10.19 所示。

②　执行操作后，在弹出的对话框列表中任意选择自己需要的边框，即可在右侧看到边框预览效果，如图 10.20 所示。

图 10.19　展开边框菜单

图 10.20　添加边框

（2）使用光影魔术手处理图片效果

① 在光影魔术手编辑窗口中打开一张素材照片，然后在编辑窗口的右侧切换至"数码暗房"选项，单击选择自己想要的效果。某些效果可根据需要调整参数，如"柔光镜"，以本图片为例，使用"去雾镜"后，再使用"柔光镜"效果，将"柔化程度"以及"高光柔化"的数值分别设置为 40、80，如图 10.21 所示。

图 10.21　柔光镜

② 单击"确定"按钮后，再打开"胶片效果"中的"反转片负冲"，将"绿色饱和度""红色饱和度"以及"暗部细节"分别调整为 60、50、60，单击"确定"按钮执行操作。最终两种叠加效果如图 10.22 所示。

③ 处理完毕后，保存图片文件即可。

（3）批处理照片

① 单击光影魔术手照片预览区右上方的小三角打开卷展栏，可以看到"日历""抠图""批处理"等多个选项，单击选中"批处理"选项，弹出批处理任务栏，单击下方的"添加"按钮添加照片，可以通过按下【Ctrl】键来一次打开多张图片，如图 10.23 所示。

图 10.22　叠加效果

② 打开待处理图片后，单击"下一步"按钮，跳转到批处理动作窗口，如图 10.24 所示。在右边的"请添加批处理动作"工具栏中选择"添加水印"按钮，跳转到下一步，如图 10.25 所示。

③ 添加水印。选择计算机中保存的水印图片，调整水印的大小、位置、透明度、融合模式以及旋转角度等，如图 10.26 所示。

④ 调整完毕单击"确定"按钮，选择输出路径并命名输出文件，同时设置输出格式。设置完成后单击"开始批处理"按钮，最后单击"确定"按钮，即完成照片的批量处理。

图 10.23　打开多张素材照片

图 10.24　批处理动作选项

图 10.25　添加水印选项

图 10.26　调整水印图片

五、实验要求

　　光影魔术手还具有剪裁图片、多张照片拼图、画笔、抠图、添加文字等各种功能，熟练使用这些功能，并熟练掌握对各种图片的处理动作。

第二部分
习题参考答案

第1章
计算机与计算思维习题参考答案

1. 一个完整的计算机系统包括硬件系统和软件系统两大部分。

硬件系统包括5大部分：控制器、运算器、存储器、输入设备和输出设备。控制器是计算机的"神经中枢"，用于分析指令，根据指令要求产生各种协调各部件工作的控制信号；运算器的主要功能是进行算术及逻辑运算，是计算机的核心部件；存储器的功能是存放程序和数据；输入设备用来输入程序和数据；输出设备用来输出计算结果，即将其显示或打印出来。

软件系统可分为系统软件和应用软件两大部分。系统软件是为使用者方便地使用、维护、管理计算机而编制的程序的集合。应用软件则主要解决各种专业应用和某一特定问题，一般指操作者在各自的专业领域中为解决各类实际问题而编制的程序。

2. 微型计算机的存储体系结构分为3层：主存储器、辅助存储器和高速缓冲存储器。主存储器又称内存，CPU可以直接访问它。辅助存储器属外部设备，又称外存，常用的有磁盘、光盘、磁带等。内存的容量一般比较小、成本高，但访问速度快。外存的容量很大、速度慢，但价格便宜。

3. 微型计算机的升级换代主要有两个标志：微处理器的更新和系统组成的变革。

4. 计算机应用系统中数据与应用程序的分布方式称为计算机应用系统的计算模式。传统的计算模式分单主机计算模式、分布式客户/服务器计算模式和浏览器/服务器计算模式。单台计算机构成单主机计算模式，在这个计算模式下，主机不需要通过网络获得服务，全部利用自己本机的软、硬件资源（CPU、内存等）完成计算任务。在客户机/服务器模式中，用户可以通过计算机网络共享计算机资源，计算机之间通过网络可协同完成某些数据处理工作。在浏览器/服务器计算模式中，用户可以在任何地方进行操作而不用安装任何专门的软件，只要能上网的地方，就能使用服务器。

5. 新的计算模式有普适计算、网格计算、云计算、人工智能、物联网等。

普适计算是指无所不在的、随时随地可以进行计算的一种方式——无论何时何地，只要需要，就可以通过某种设备访问到所需的信息。它有两个特征，即间断连接和轻量计算（即计算资源相对有限）；同时还具有如下特性：① 无所不在特性（pervasive），用户可以随地以各种接入手段进入同一信息世界；② 嵌入特性（embedded），计算和通信能力存在于我们生活的世界中，用户能够感觉到它并作用于它；③ 游牧特性（nomadic），用户和计算均可按需自由移动；④ 自适应特性（adaptable），计算和通信服务可按用户需要和运行条件提供充分的灵活性和自主性；⑤ 永恒特性（eternal），系统在开启以后再也不会死机或需要重启。

网格计算就是通过互联网来共享强大的计算能力和数据储存能力。它利用互联网把分散在不同地理位置的计算机组织成一个"虚拟的超级计算机"，其中每一台参与计算的计算机就是一个

"节点"，而整个计算是由成千上万个"节点"组成的"一张网格"，所以这种计算方式叫网格计算。特点是数据处理能力超强，能充分利用网上的闲置处理能力、高可扩展性，由异构资源组成。

云计算是一种按使用量付费的模式，这种模式提供可用的、便捷的、按需的网络访问，进入可配置的计算资源共享池（资源包括网络、服务器、存储、应用软件、服务），这些资源能够被快速提供，只需投入很少的管理工作，或与服务供应商进行很少的交互。其特点有：基于使用的支付模式、可扩展性和弹性、厂商的大力支持、高可靠性、高的效率与低的成本。

6. 思维最初是人脑借助于语言对客观事物的概括和间接的反应过程。思维以感知为基础又超越感知的界限。它探索与发现事物的内部本质联系和规律性，是认识过程的高级阶段。科学思维是形成并运用于科学认识活动、对感性认识材料进行加工处理的方式与途径的理论体系；是真理在认识的统一过程中，对各种科学的思维方法的有机整合；是人类实践活动的产物。

7. 计算科学，又称科学计算，是一个与数学模型构建、定量分析方法并利用计算机来分析和解决科学问题相关的研究领域。在实际应用中，计算科学主要应用于对各学科中的问题进行计算机模拟和其他形式的计算。

8. 计算思维是（包括、涉及）运用计算机科学的基础概念进行问题求解、系统设计以及人类行为理解等涵盖计算机科学之广度的一系列思维活动（智力工具、技能、手段）。

计算思维就是通过约简、嵌入、转化和仿真等方法，把一个看起来困难的问题重新阐释成一个我们知道怎样解决的问题。计算思维是一种递归思维，它是并行处理，它把代码译成数据又把数据译成代码。它是由广义量纲分析进行的类型检查。对于别名或赋予人与物多个名字的做法，它既知道其益处又了解其害处。对于间接寻址和程序调用的方法，它既知道其威力又了解其代价。它评价一个程序时，不仅仅根据其准确性和效率，还有美学的考量，而对于系统的设计，还考虑简洁和优雅。利用计算思维进行抽象和分解，来迎接庞杂的任务或者设计巨大复杂的系统。计算思维利用启发式推理来寻求解答，就是在不确定情况下的规划、学习和调度。计算机学家们对生物科学越来越感兴趣，因为他们坚信生物学家能够从计算思维中获益。

第2章
信息技术基础习题参考答案

1. 3 种基本逻辑运算是逻辑与运算、逻辑或运算与逻辑非运算。逻辑与运算的运算规则是只有当参与运算的逻辑变量都同时取值为 1 时，其运算结果才等于 1。逻辑或运算的运算规则是只要参与运算的逻辑变量中有一个为 1，其运算结果就为 1。逻辑非运算仅需要一个参与运算的逻辑变量，其运算结果取与逻辑变量相反的值，即逻辑变量值为 1，运算结果为 0；逻辑变量值为 0，运算结果为 1。

2. 指令是能被计算机识别并执行的二进制代码，它规定了计算机能完成的某一种操作。一个基本操作，可以用一条指令来实现。指令执行前要先将其从内存储器中取出，之后通过指令译码将指令翻译成它代表的功能，再根据指令功能向相关部件发出控制信号，从而实现指令的功能。

3. 进位计数制是用一组固定的符号和统一的规则来表示数值并按进位进行计数的方法。进位计数制的 3 个基本要素是数位、基数和位权。数码在数中的位置称为数位，某种进位计数制所能使用的数码个数称为基数，计算每个数码在其所在位上代表的数值时所乘的常数称为位权。

4. 十进制数到 K 进制数进行转换时整数部分和小数部分采用不同的转换规则。对整数部分采用"连除基数 K，逆序取余"的方法，对小数部分采用"连乘基数 K，正序取整"的方法。

5. X 的补码符号位为 1，是负数。将其补码求补后就得到其原码 10001010，根据原码可计算出真值是-10。

6. $(2746.125)_{10}$ = $(101010111010.001)_2$ = $(5272.1)_8$ = $(ABA.2)_{16}$

7. 数值+102 是正数，3 种编码相同，均为 01100110。
数值-103 的原码是 11100111，反码是 10011000，补码是 10011001。

8. $(-123.625)_{10}$ = $(-1111011.101)_2$ = $(-0.1111011101 \times 2^{111})_2$
尾数为负数，继续求其补码，最终的表示形式为
0 0000111　1 0000100 01100000 00000000

9. $(-0.001011001)_2$ = $(-0.1011001 \times 2^{-10})_2$
阶码为负数，继续求其补码，最终的浮点数形式为
1 110 1 1011001

10. 所需存储空间为 $100 \times 24 \times 24/8 = 7200B$

第3章
操作系统基础习题参考答案

1. 操作系统是管理软、硬件资源，控制程序执行，改善人机界面，合理组织计算机工作流程和为用户使用计算机提供良好运行环境的一种系统软件。基本功能有：处理器管理、存储管理、设备管理、文件管理和作业管理。

2. 程序是用户用某种计算机编程语言编写的指令代码序列。而进程是某个程序的执行过程。进程与程序的区别，有以下4点。

（1）程序是"静止"的，它描述的是静态指令集合及相关的数据结构，所以程序是无生命的；进程是"活动"的，它描述的是程序执行起来的动态行为，所以进程是有生命周期的。

（2）程序可以脱离机器长期保存，即使不执行的程序也是存在的，而进程是执行着的程序；当程序执行完毕，进程也就不存在了。进程的"生命"是暂时的。

（3）程序不具有并发特征，不占用CPU、存储器及输入/输出设备等系统资源，因此不会受到其他程序的制约和影响。进程具有并发性，在并发执行时，由于需要使用CPU、存储器及输入/输出设备等系统资源，因此受到其他进程的制约和影响。

（4）进程与程序不是一一对应的。一个程序多次执行，可以产生多个不同的进程。一个进程也可以对应多个程序。

3. 采用虚拟内存（Virtual Memory）技术，即在硬盘上开辟一个比内存要大的空间，按照内存的结构进行组织，把被执行的程序装载到这个区域。当需要调入内存时，直接进行映射操作，减少了数据交换过程，提高了程序执行效率。

4. 文件存取也分为顺序存取和随机存取。

文件顺序存取是指只能按照一个接一个信息单位进行存取。在存取文件时，必须从文件的第1个数据开始，然后存取第2个、第3个、……、最后一个。这类存取方式适合需要从头到尾存储数据信息的应用。随机存取文件时，需要先确定数据的地址信息，然后直接到文件的相应地址存取数据。

5. 以微软的操作系统为例，操作系统的发展主要经历了以下几个阶段。

（1）DOS（Disk Operating System）即磁盘操作系统，它曾经被最广泛地应用在PC上，对于计算机的应用普及可以说是功不可没的。

（2）从1983年到1998年，美国Microsoft公司先后推出了Windows 1.0、Windows 2.0、Windows 3.10、Windows 3.21、Windows NT、Windows 95、Windows 98等系列操作系统，2001年，Microsoft公司推出了Windows XP，随后又推出了Windows Vista。由于Windows XP的优点，被广大用户用了10余年。

（3）2009年微软于美国正式发布Windows 7作为微软新的操作系统。

（4）2011年，Windows 8发布。Windows 8是由微软公司开发的具有革命性变化的操作系统，该系统旨在使人们日常电脑操作更加简单和快捷，为人们提供高效易行的工作环境。Windows 8 将支持来自 Intel、AMD 和 ARM 的芯片架构。

（5）Windows 10 是微软公司新一代操作系统，该系统于 2014 年 9 月 30 日发布技术预览版。Windows 10 正式版于 2015 年发布，它是 Windows 成熟蜕变的登峰制作，Windows 10 正式版拥有崭新的触控界面为用户呈现最新体验，全新的 Windows 将引领现代操作系统的潮流，实现覆盖全平台，可以运行在手机、平板、台式机以及 Xbox 和服务器端等设备中，芯片类型将涵盖 x86 和 ARM，拥有相同的操作界面和同一个应用商店，能够跨设备进行一个搜索、购买和升级。

6. 常见的操作系统如下

（1）微软公司的 DOS 和 Windows；（2）UNIX/Linux；（3）Apple 公司的 Mac OS；（4）Google 公司的 Android；（5）Apple 公司 iOS；（6）微软公司的 Windows Mobile；（7）Symbian（塞班）OS。

7. 库是 Windows 7 中新一代文件管理系统，它可以集中管理视频、文档、音乐、图片和其他文件。库实际上并没有真实存储数据，而只是采用索引文件的管理方式，监视其包含项目的文件夹，并允许用户以不同的方式访问和排列这些项目。库中的文件都会随着原始文件的变化而自动更新，并且可以以同名的形式存在于文件库中。

库仅是文件（夹）的一种映射，库中的文件并不位于库中。用户需要向库中添加文件夹位置（或者是向库包含的文件夹中添加文件），才能在库中组织文件和文件夹。

若想在库中不显示某些文件，不能直接在库中将其删除，因为这样会删除计算机中的原文件。正确的做法是调整库所包含的文件夹的内容，调整后库显示的信息会自动更新。

第4章
算法分析与设计习题参考答案

1. 算法是一组有明确步骤的有序集合，它产生结果并在有限时间内终止。算法的特性是确定性、可行性、有穷性、有零个或多个输入、至少一个输出。

2. 算法设计原则是正确性、可读性、健壮性、高效率与低存储量。

3. 算法常用的表示方法：自然语言描述、流程图描述、伪代码描述、计算机语言描述。

4. 顺序查找与二分查找的不同：前者既可用于有序列表，也可用于无序列表，但比较的次数较多；而后者只可用于有序列表，但比较的次数少，查找速度快，平均性能好，适宜于大数据量的查找。

5. 选择排序、冒泡排序和插入排序的算法复杂度均为 O（n^2），选择排序是不稳定的，冒泡排序和插入排序是稳定的。

6. 单选题

（1）A　（2）D　（3）B　（4）B　（5）B　（6）B　（7）B　（8）D　（9）D　（10）A

第5章
程序设计基础习题参考答案

一、1. C 2. C 3. B 4. C 5. C 6. C 7. D 8. C 9. B 10. C

二、1. 简单地说，程序可以看作是对一系列动作的执行过程的描述，是完成或解决某一问题的方法和步骤。它是为完成某个任务而设计的，由有限步骤所组成的一个有机的序列。它应该包括两方面的内容：做什么和怎么做。

为了使计算机达到预期目的，就要先得到解决问题的步骤，并依据对该步骤的数学描述编写计算机能够接受和执行的指令序列——程序，然后运行程序得到所要的结果。这就是程序设计。

程序设计包含以下 5 个步骤。

（1）分析问题，确定解决方案。当一个实际问题提出后，应首先对以下问题做详细的分析：需要提供哪些原始数据，需要对其进行什么处理，在处理时需要有什么样的硬件和软件环境，需要以什么样的格式输出哪些结果等。在以上分析的基础上，确定相应的处理方案。一般情况下，处理问题的方法会有很多，这时就需要根据实际问题选择其中较为优化的处理方法。

（2）建立数学模型。在对问题全面理解后，需要建立数学模型，这是把问题向计算机处理方式转化的第一步骤。

（3）确定算法（算法设计）。建立数学模型以后，许多情况下还不能直接进行程序设计，需要确定符合计算机运算的算法。此外，还要考虑内存空间占用合理、编程容易等特点。

算法可以使用伪码或流程图等方法进行描述。

（4）编写源程序。要让计算机完成某项工作，必须将已设计好的操作步骤以由若干条指令组成的程序的形式书写出来，让计算机按程序的要求一步一步地执行。

（5）程序调试。程序调试就是纠正程序中可能出现的错误，它是程序设计中非常重要的一步。没有经过调试的程序，很难保证没有错误，就是非常熟练的程序员也不能保证这一点，因此，程序调试是不可缺少的重要步骤。

（6）整理资料。程序编写、调试结束以后，为了使用户能够了解程序的具体功能，掌握程序的运行操作，有利于程序的修改、阅读和交流，必须将程序设计的各个阶段形成的资料和有关说明加以整理，写成程序说明书。

2. 结构化程序设计方法的主要原则可以概括为"自顶向下，逐步求精，模块化和限制使用 Go To 语句"。

3. 对象是指具有某些特性的具体事物的抽象。在面向对象程序设计中，问题的分析一般以对象及对象间的自然联系为依据。客观世界由实体及其实体之间的联系所组成。其中客观世界中的实体称为问题域的对象。

类是指具有相似性质的一组对象，是用户定义的数据类型。例如，香蕉、苹果和桔子都是水果类的对象。一个具体对象称为类的"实例"。

4. 程序的基本控制结构有 3 个：顺序结构、选择（分支）结构和循环结构。

5. 由二进制代码形式组成的规定计算机动作的符号叫做计算机指令，这样一些指令的集合就是机器语言。这种语言的程序计算机可以直接被识别和执行。机器语言与计算机硬件关系密切，机器语言的符号全部都是"0"和"1"，不具有移植性。

汇编语言：用一些简洁的英文字母、符号串来替代一个特定含义的二进制串，方便了人们的记忆和使用。面向机器的语言，在编写复杂程序时还是比较烦琐、费时，具有明显的局限性。同时，汇编语言仍然依赖于具体的机型，不能通用，也不能在不同机型之间移植。优点是执行速度快，占内存空间少。

高级语言是一种接近数学语言或自然语言，同时又不依赖于计算机硬件。用高级语言设计的程序比低级语言设计的程序简短、易修改、编写程序的效率高。用高级语言写的程序必须转换为机器语言后才能够执行，具有很好的移植性。

6. Visual Basic 是 Microsoft 公司推出的 Windows 环境下的软件开发工具，是一种在计算技术发展史上应用最为广泛的语言。Visual Basic 至今包含了数百条语句、函数及关键词，其中很多和 Windows GUI 有直接关系。Visual Basic 具有 BASIC 语言简单而不贫乏的优点，同时增加了结构化和可视化程序设计语言的功能，使用更加方便。

Visual Basic 是一种可视化的、面向对象和采用事件驱动方式的结构化高级程序设计语言，可用于开发 Windows 环境下的各类应用程序。它简单易学、效率高，且功能强大。在 Visual Basic 环境下，利用事件驱动的编程机制、新颖易用的可视化设计工具，使用 Windows 内部的应用程序接口函数（API），以及动态链接库（DLL）、动态数据交换（DDE）、对象的链接与嵌入（OLE）、开放式数据库连接（ODBC）等技术，可以高效、快速地开发出 Windows 环境下功能强大、图形界面丰富的应用软件系统。

在 Visual Basic 中引入了控件的概念，还有各种各样的按钮、文本框、选择框等。Visual Basic 把这些控件模式化，并且每个控件都由若干属性来控制其外观、工作方法。

三、试写出以下问题的算法描述。

1.【分析】假设我们用 A、B、C 分别表示 3 人原来各买的糖果数

根据题意有：互相赠送后，每人各有 64 块糖果。

即 A=64，B=64，C=64

我们从后往前推：

C 赠送给 A、B 前，A 手中的糖果应该是 A/2（A←A/2）

B 手中的糖果应该是 B/2（B←B/2）

C 手中的糖果应该是 A+B+C（C←A+B+C）

B 赠送给 A、C 前，A 手中的糖果应该是 A/2（A←A/2）

C 手中的糖果应该是 C/2（C←C/2）

B 手中的糖果应该是 A+B+C（B←A+B+C）

A 赠送给 B、C 前，B 手中的糖果应该是 B/2（B←B/2）

C 手中的糖果应该是 C/2（C←C/2）

A 手中的糖果应该是 A+B+C（A←A+B+C）

此时 A、B、C 的值就是开始 3 人各自买好的糖果数。

【伪码】

```
Begin:
A ← 64: B← 64: C ← 64              //全部赠送后的结果
A ← A / 2: B ← B / 2: C ← A + B + C  //C 送给 A、B 后的结果
A ← A / 2: C ← C / 2: B ← A + B + C  //B 送给 A、C 后的结果
B ← B / 2: C ← C / 2: A ← A + B + C  //A 送给 B、C 后的结果
Print A,B,C                         //输出计算结果
End
```

2. 【分析】假设我们用 A、B、C 表示方程的系数，用 $X1$ 和 $X2$ 表示方程的根。

如果输入的系数使得方程在实数范围内有解的话，我们就通过求根公式

$$x_{1,2} = \frac{-b \pm \sqrt{b^2 - 4ac}}{2a}$$

来求解方程。

如果输入的系数使得方程在实数范围内无解的话，我们就给出提示信息。

【伪码】

```
Begin:

Input("方程的系数 A ");A          //输入方程的系数
Input("方程的系数 B ");B          //输入方程的系数
Input("方程的系数 C ");B          //输入方程的系数
If (B * B - 4 * A * C>=0)         //比较根的判别式

{    //有实数解
X1 ← (-B + Sqr(B * B - 4 * A * C)) / (2 * A)
X2 ← (-B - Sqr(B * B - 4 * A * C)) / (2 * A)
Print X1,X2                       //输出计算结果
Else //无实数解
Print "方程无实数解!"             //输出提示信息
}

End
```

3. 【分析】我们用辗转相除的方法求出两个数 A、B 的最大公约数。

辗转相除的方法就是求 A 除以 B 的余数 R，当 R 为 0 时，除数即最大公约数，当 R 不为 0 时，我们将 B 的值赋给 A、将 R 的值赋给 B，再计算 A 除以 B 的余数 R，这个过程一直进行下去，直到 $R=0$ 为止，此时的 B 即为所求。

【伪码】

```
Begin:

Input("输入一个数 A ");A          //输入一个数
```

```
Input("输入一个数B ")；B              //输入另一个数

Do
{
    R ← A Mod B                     //计算A和B的余数
    If R = 0 Then Exit Do
    A ← B                           //将B的值赋给A
    B ← R                           //将R的值赋给B
}
Print  B                            //输出计算结果
End
```

第6章
多媒体技术及应用习题参考答案

一、选择题

1. C   2. B   3. B   4. D   5. B   6. D   7. C   8. D   9. B   10. A

二、简答题

1. 多媒体是融合两种或两种以上感觉媒体的人机交互信息或传播的媒体，是多种媒体信息的综合。它可以包括各种信息元素，主要有文本、图形、图像、音频、视频、动画等。

多媒体技术是以计算机为主体，结合通信、微电子、激光、广播电视等多种技术而形成的，用来综合处理多种媒体信息的交互性信息处理技术。

2. 多媒体系统是由硬件和软件两部分组成，其核心是一台计算机，外围主要是视听等多种媒体设备。简单地说，多媒体系统的硬件是计算机主机及可以接收和播放多媒体信息的各种输入/输出设备，其软件是音频/视频处理核心程序、多媒体操作系统及多媒体驱动软件和各种应用软件。

3. 将模拟信号（如语音、音乐等）转换成数字信号的过程称为模拟音频的数字化。模拟音频数字化过程主要涉及音频的采样、量化和编码。

采样是每隔一定时间间隔对模拟波形上取一个幅度值，把时间上的连续信号变成时间上的离散信号。量化是将每个采样点得到的表示声音强弱的模拟电压的幅度值以数字存储。编码是将采样和量化后的数字数据以一定的格式记录下来。

4. JPG 和 BMP 都是位图格式的图像文件，但是 BMP 文件中的图像保持着原始信息，而 JPG 文件的图像信息已经经过了一定的有损压缩（使用 JPEG 压缩算法），去除了一定的冗余信息，使数据量大大减小。一般来说，JPG 格式文件的数据量只有 BMP 文件数据量的 1/4 左右，而且对图像质量影响不大，完全能够满足普通的多媒体应用需要。

5. 图形是通过一组指令集来描述的。这些指令描述了一幅图的所有直线、圆、圆弧、矩形、曲线等图元的位置、维数、大小和形状。由于图形只保存算法和特征点，因此占用的存储空间很小。矢量图形主要用于工程图、白描图、卡通漫画、图例和三维建模等。

图像的基本元素是像素，是用摄像机或扫描仪等输入设备捕捉实际场景画面产生的数字图像。图像的显示过程是按照位图图像中所安排的像素顺序进行的，与图像内容无关。所需存储空间比矢量图形大，放大数倍容易失真。

6. MP3 是 MPEG Audio Layer 3 音乐格式的缩写，属于 MPEG-1 标准的一部分。利用该技术可以将声音文件以 1:12 的压缩率压缩成更小的文档，同时还保持高品质的效果。例如，一首容量为 30MB 的 CD 音乐，压缩成 MP3 格式后仅为 2MB 多。由于 MP3 音乐具有文件容量较小而音质佳的优点，因而近几年来得以在 Internet 上广为流传。

7. 数字化后的音频和视频等多媒体信息具有数据海量特性，与当前硬件技术所能提供的计算机存储资源和网络带宽之间有很大差距（虽然现在的存储器的容量越来越大），解决这一问题的关键技术就是数据压缩技术。压缩的方法主要有无损压缩和有损压缩。

无损压缩是利用数据的统计冗余进行压缩，可完全恢复原始数据而不引入任何失真，但压缩率受到数据统计冗余度的理论限制，一般为 2:1～5:1。这类方法被广泛用于文本数据、程序和特殊应用场合的图像数据（如指纹图像、医学图像等）的压缩。无损压缩方法主要有 Shannon-Fano 编码、Huffman 编码、游程（Run-length）编码和算术编码等。

有损压缩方法利用了人类视觉对图像或声波中的某些频率成分不敏感的特性，允许压缩过程中损失一定的信息。有损压缩被广泛应用于语音、图像和视频数据的压缩。常用的有损压缩方法有：PCM（脉冲编码调制）、预测编码、变换编码、统计编码、矢量量化和子带编码等。

第**7**章
计算机网络习题参考答案

1.（1）主机：通常把 CPU、内存和输入输出接口以及在一起构成的子系统称为主机。主机中包含了除输入输出设备以外的所有电路部件，是一个能够独立工作的系统。这里主机是指放在能够提供服务器托管业务单位的机房的服务器，通过它实现与 Internet 连接，从而省去用户自行申请专线连接到 Internet 的麻烦。数网公司是一个提供服务器托管业务的单位，拥有 China Net 的接入中心，所以被托管的服务器可以通过 100MB 的网络接口连接 Internet。

（2）TCP/IP：包含了一系列构成 Internet 通信基础的通信协议。这些协议最早发源于美国国防部的 DARPA 互联网项目。TCP/IP 代表了两个协议：TCP（Transmission Control Protocol）和 IP（Internet Protocol），中文译名为传输控制协议/因特网互联协议，又名网络通信协议，是 Internet 最基本的协议、Internet 国际互联网络的基础，由网络层的 IP 和传输层的 TCP 组成。TCP/IP 定义了电子设备如何连入 Internet，以及数据如何在它们之间传输的标准。协议采用了 4 层的层级结构，每一层都呼叫它的下一层所提供的网络来完成自己的需求。通俗而言，TCP 负责发现传输的问题，一旦有问题就发出信号，要求重新传输，直到所有数据安全正确地传输到目的地。而 IP 是给因特网的每一台计算机规定一个地址。

（3）IP 地址：尽管 Internet 上连接了无数的服务器和计算机，但它们并不是处在杂乱无章的无序状态，而是每一个主机都有唯一的地址，作为该主机在 Internet 上的唯一标识，这个标识就称为 IP 地址（Internet Protocol address）。它是分配给主机的 32 位地址，是一串 4 组由圆点分割的数字组成的，其中每一个数字都在 0～255 之间，如 202.196.14.222 就是一个 IP 地址，它标识了在网络上的一个节点，并且指定了在一个互联网络上的路由信息。

Internet 上的每台主机（HOST）都有一个唯一的 IP 地址。

（4）域名：IP 地址是 Internet 上互联的若干主机进行内部通信时，区分和识别不同主机的数字型标志，这种数字型标志对于上网的广大一般用户而言却有很大的缺点——既无简明的含义，又不容易被用户很快记住。因此，为解决这个问题，人们又规定了一种字符型标志，称之为域名。如同每个人的姓名和每个单位的名称一样，域名是 Internet 上互联的若干主机（或称网站）的名称。广大网络用户能够很方便地用域名访问 Internet 上自己感兴趣的网站。

从技术上讲，域名只是一个 Internet 中用于解决地址对应问题的一种方法，可以说只是一个技术名词。但是，由于 Internet 已经成为了全世界人的 Internet，域名也自然地成为了一个社会科学名词。

从社会科学的角度看，域名已成为了 Internet 文化的组成部分。

（5）统一资源定位符（Uniform Resource Locator，URL）也被称为网页地址，是因特网上标准的资源的地址。它最初是由蒂姆·伯纳斯－李发明用来作为万维网的地址的，现在它已经被万维网联盟编制为 Internet 标准 RFC1738 了。

统一资源定位符（URL）是用于完整地描述 Internet 上网页和其他资源的地址的一种标识方法。Internet 上的每一个网页都具有一个唯一的名称标识，通常称之为 URL 地址，这种地址可以是本地磁盘，也可以是局域网上的某一台计算机，更多的是 Internet 上的站点。简单地说，URL 就是 Web 地址，俗称"网址"。

（6）网关：顾名思义，网关（Gateway）就是一个网络连接到另一个网络的"关口"，又称网间连接器、协议转换器，实质上是一个网络通向其他网络的 IP 地址。网关在传输层上以实现网络互联，是最复杂的网络互联设备，仅用于两个高层协议不同的网络互联。网关既可以用于广域网互联，也可以用于局域网互联。网关是一种充当转换重任的计算机系统或设备。在使用不同的通信协议、数据格式或语言，甚至体系结构完全不同的两种系统之间，网关是一个翻译器。与网桥只是简单地传达信息不同，网关对收到的信息要重新打包，以适应目的系统的需求。同时，网关也可以提供过滤和安全功能。大多数网关运行在 OSI 7 层协议的顶层——应用层。

2.（1）Internet 发展史：因特网是 Internet 的中文译名，它的前身是美国国防部高级研究计划局（ARPA）主持研制的 ARPAnet。

20 世纪 60 年代末，正处于冷战时期。当时美国军方为了使自己的计算机网络在受到袭击时，即使部分网络被摧毁，其余部分仍能保持通信联系，便由美国国防部的高级研究计划局（ARPA）建设了一个军用网，叫做"阿帕网"（ARPAnet）。阿帕网于 1969 年正式启用，当时仅连接了 4 台计算机，供科学家们进行计算机联网实验用。

到 20 世纪 70 年代，ARPAnet 已经有了好几十个计算机网络，但是每个网络只能在网络内部的计算机之间互联通信，不同计算机网络之间仍然不能互通。为此，ARPA 又设立了新的研究项目，支持学术界和工业界进行有关的研究。研究的主要内容就是想用一种新的方法将不同的计算机局域网互联，形成"互联网"。研究人员称之为"internetwork"，简称"Internet"。这个名词就一直沿用到现在。

在研究实现互联的过程中，计算机软件起了主要的作用。1974 年，出现了连接分组网络的协议，其中就包括了 TCP/IP——著名的网际互联协议（IP）和传输控制协议（TCP）。这两个协议相互配合，其中，IP 是基本的通信协议，TCP 是帮助 IP 实现可靠传输的协议。

TCP/IP 有一个非常重要的特点，就是开放性，即 TCP/IP 的规范和 Internet 的技术都是公开的。目的就是使任何厂家生产的计算机都能相互通信，使 Internet 成为一个开放的系统。这正是后来 Internet 得到飞速发展的重要原因。

ARPA 在 1982 年接受了 TCP/IP，选定 Internet 为主要的计算机通信系统，并把其他的军用计算机网络都转换到 TCP/IP。1983 年，ARPAnet 分成两部分：一部分军用，称为 MILNET；另一部分仍称 ARPAnet，供民用。

1986 年，美国国家科学基金组织（NSF）将分布在美国各地的 5 个为科研教育服务的超级计算机中心互联，并支持地区网络，形成 NSFnet。1988 年，NSFnet 替代 ARPAnet 成为 Internet 的主干网。NSFnet 主干网利用了在 ARPAnet 中已证明是非常成功的 TCP/IP 技术，准许各大学、政府或私人科研机构的网络加入。1989 年，ARPAnet 解散，Internet 从军用转向民用。

Internet 的发展引起了商家的极大兴趣。1992 年，美国 IBM、MCI、MERIT 三家公司联合组建了一个高级网络服务公司（ANS），建立了一个新的网络，叫作 ANSnet，成为 Internet 的另一个主干网。它与 NSFnet 不同，NSFnet 是由国家出资建立的，而 ANSnet 则是 ANS 公司所有，从而使 Internet 开始走向商业化。

1995 年 4 月 30 日，NSFnet 正式宣布停止运作。而此时 Internet 的骨干网已经覆盖了全球 91 个国家，主机已超过 400 万台。在最近几年，Internet 更以惊人的速度向前发展，很快就达到了今天的规模。

（2）Internet 提供的服务：① 万维网（WWW）；② 信息搜索；③ 电子邮件；④ 文件传输协议（FTP）；⑤ 远程登录（Telnet）；⑥ 电子公告牌系统（BBS）。

（3）接入 Internet 的方式：① 普通拨号方式；② 一线通（ISDN）；③ ADSL；④ DSL；⑤ VDSL；⑥ 光纤接入网；⑦ FTTX+LAN 接入方式；⑧ ISDN。

3. Internet 与物联网、云计算、三网融合之间的关系：随着信息技术的发展，现在的一些旧技术已经跟不上这个时代的发展。庞大的用户数字充斥着网络，给 ISP 的运营带来了商机，但是也带来了问题。如何让用户能高速地连接分享资源，成为了各级服务商和设备提供商的一个必须解决的课题。3G、Wi-Fi 等技术的相继出现，一定程度上缓解了客户和服务商的供求关系。但是还不能真正满足用户。所以又出现了云计算、物联网等新一代技术。物联网是通过各种信息传感设备传递信息的。它的核心依然是互联网，是在 Internet 上的拓展和延伸，但是它的用户端则依靠物与物进行信息传递，所以可以定义为通过射频识别（RFID）、红外感应器、全球定位系统、激光扫描器等信息传递设备按约定协议，把任何物体与 Internet 相联，进行信息交换和通信，以实现物体的智能化识别、定位、跟踪、监控、管理的一种网络。云计算是基于 Internet 的一种超级计算模式，在远程的数据中心里，成千上万的计算机和服务器连成一片计算机云。因此云计算有时可以让你感受高速运算的速度，拥有强大的计算能力可以模拟一些实验，使普通计算机达到大型机的要求。三网融合最早叫做三网合一，是指电信网、互联网和广播电视网之间的相互融合发展实现三网互联互通，共享资源，在同一个网络上实现语言、数据、图像的传输，实现用户能在一个网络上打电话、看电视、上网等功能；实现单一业务向多媒体综合业务方向发展以减少基础设施的投入，简化管理降低维护费用；实现用户的投资减少，收益最大化，以增强国家的综合国力。这些新技术可以最大化地服务于民，用之于民。它们的诞生加速了信息产业的发展，促进了社会的进步，让 Internet 的"世界"变得更加完美。以 Internet 作为基础，物联网、云计算、三网融合等技术的彼此补充是当今信息世界的发展趋势，以实现真正的数字化世界。

4. 环球信息网（World Wide Web，WWW）也可以简称为 Web，中文名字为"万维网"。万维网是一个资料空间，在这个空间中，一样有用的事物，称为一样"资源"，并且由一个全域"统一资源标识符"（URL）标识。这些资源通过超文本传输协议（Hypertext Transfer Protocol）传送给使用者，而后者通过点击链接来获得资源。

FTP（File Transfer Protocol）是用于 Internet 上的控制文件的双向传输的协议。同时，它也是一个应用程序。用户可以通过它把自己的 PC 与世界各地所有运行 FTP 协议的服务器相联，访问服务器上的大量程序和信息。FTP 是在 TCP/IP 网络和 Internet 上最早使用的协议之一，它属于网络协议组的应用层。为了更好地运用我们的网络资源，FTP 客户机可以给服务器发出命令来下载文件、上载文件，创建或改变服务器上的目录，让用户与用户之间实现资源共享。

5. IP 地址就是给每个连接在 Internet 上的主机分配一个在全世界范围唯一的 32bit 地址。IP 地址的结构使我们可以在 Internet 上很方便地寻址。Internet 依靠 TCP/IP，在全球范围内实现不同硬件结构、不同操作系统、不同网络系统的互联。在 Internet 上，每一个节点都依靠唯一的 IP 地址互相区分和相互联系。IP 地址通常用更直观的、以圆点分隔号的 4 个十进制数字表示，每一个数字对应于 8 个二进制的比特串，用于标识 TCP/IP 宿主机。每个 IP 地址都包含两部分：网络 ID 和主机 ID。网络 ID 标识在同一个物理网络上的所有宿主机，主机 ID 标识该物理网络上的每一个宿主机，于是整个 Internet 上的每个计算机都依靠各自唯一的 IP 地址来标识。如某一台主机的 IP 地址为 202.196.13.241。

Internet IP 地址由 Inter NIC（Internet 网络信息中心）统一负责全球地址的规划、管理；同时由 Inter NIC、APNIC、RIPE 三大网络信息中心具体负责美国及其他地区的 IP 地址分配。通常每个国家需成立一个组织，统一向有关国际组织申请 IP 地址，然后再分配给客户。

域名在因特网上用来代替 IP 地址，因为 IP 地址没有实际含义，人们不容易记住，所以用有含义的英文字母来代替。在网络上，专门有 DNS（域名服务器）来进行域名与 IP 的相互转换，人们输入域名，在 DNS 上转换为 IP，才能找到相应的服务器，打开相应的网页。

6.（1）www.microsoft.com：顶级域名 com 指的是商业公司，Microsoft 指的是微软公司，这个 URL 指向微软公司的网站。

（2）www.zz.ha.cn：顶级域名 cn 指的是中国，子域名 ha 指的是河南省，zz 指的是郑州市，这个 URL 指向河南省郑州市的网站商都网。

（3）www.zzuli.edu.cn：顶级域名 cn 指的是中国，子域名 edu 指的是教育机构，zzuli 指的是郑州轻工业学院，这个 URL 指向郑州轻工业学院的网站。

7．Web 服务使用的是 HTTP（超文本传输协议）。

Web 服务是 SOAP（Simple Object Access Protocol）即简单对象访问协议的一个主要应用，通过建立 Web 服务，远程用户就可以通过 HTTP 访问远程的服务。

Web 浏览器是用于通过 URL 来获取并显示 Web 网页的一种软件工具，Web 表现为 3 种形式，即超文本（hypertext）、超媒体（hypermedia）、超文本传输协议（HTTP）等，主要是用来浏览 html 写的网站的。WWW 的工作基于客户机/服务器计算模型，由 Web 浏览器（客户机）和 Web 服务器（服务器）构成，两者之间采用超文本传送协议（HTTP）进行通信。在 Windows 环境中较为流行的 Web 浏览器为 Netscape Navigator 和 Internet Explorer。

8．计算机网络是指将有独立功能的多台计算机，通过通信设备线路连接起来，在网络软件的支持下，实现彼此之间资源共享和数据通信的整个系统。根据其覆盖范围可分为局域网、城域网和广域网。计算机网络的基本功能是数据通信和资源共享。资源共享包括硬件、软件和数据资源的共享。

涉及的技术有软件方面的、硬件方面的、安全方面的、远程方面的、运营方面的、语音方面的、网站方面的和网络编程方面的。

3 个基本功能：（1）信息交换：信息交换是计算机网络最基本的功能，主要完成计算机网络中各个节点之间的系统通信。用户可以在网上传送电子邮件、发布新闻消息、进行电子购物、电子贸易、远程电子教育等。（2）资源共享：所谓的资源是指构成系统的所有要素，包括软、硬件资源，如计算处理能力、大容量磁盘、高速打印机、绘图仪、通信线路、数据库、文件和其他计算机上的有关信息。由于受经济和其他因素的制约，这些资源并非（也不可能）被所有用户独立拥有，所以网络上的计算机不仅可以使用自身的资源，也可以共享网络上的资源。因而增强了网络上计算机的处理能力，提高了计算机软硬件的利用率。（3）分布式处理：一项复杂的任务可以划分成许多部分，由网络内各计算机分别协作并行完成有关部分，使整个系统的性能大为增强。

9．按地理范围分类：① 局域网（Local Area Network，LAN），地理范围一般几百米到 10km 之内，属于小范围内的联网，如一个建筑物内、一个学校内、一个工厂的厂区内等。局域网的组建简单、灵活，使用方便；② 城域网（Metropolitan Area Network，MAN），地理范围可从几十公里到上百公里，可覆盖一个城市或地区，是一种中等形式的网络；③ 广域网（Wide Area Network，

WAN），地理范围一般在几千公里左右，属于大范围联网，如几个城市，一个或几个国家，是网络系统中的最大型的网络，能实现大范围的资源共享，如国际性的 Internet 网络。

10. 常见的 Internet 接入方式主要有 4 种：拨号接入方式、专线接入方式、无线接入方式和局域网接入方式。

（1）拨号接入方式：普通 Modem 拨号方式，ISDN 拨号接入方式，ADSL 虚拟拨号接入方式。

（2）专线接入方式：Cable Modem 接入方式，DDN 专线接入方式，光纤接入方式。

（3）无线接入方式：GPRS 接入技术，蓝牙技术（在手机上的应用比较广泛）。

（4）局域网接入方式：代理服务器。

一般的因特网连接方式有：调制解调器（模拟线路）拨入、ISDN（综合业务数字网）、线缆调制解调器（Cable Modem）、ADSL 以及 Direct PC、ADSL PPPoE、LAN to LAN 等方式。

11. 网络拓扑结构是指用传输媒体互连各种设备的物理布局，就是用什么方式把网络中的计算机等设备连接起来。

拓扑图给出网络服务器、工作站的网络配置和相互间的连接，它的结构主要有星形拓扑结构、环形拓扑结构、总线拓扑结构、分布式拓扑结构、树形拓扑结构、网状拓扑结构、蜂窝状拓扑结构等。

12. 网络适配器又称网卡或网络接口卡（Network Interface Card，NIC）。网络适配器的内核是链路层控制器，该控制器通常是实现了许多链路层服务的单个特定目的的芯片，这些服务包括成帧、链路接入、流量控制、差错检测等。网络适配器是使计算机联网的设备，平常所说的网卡就是将 PC 和 LAN 连接的网络适配器。网卡（NIC）插在计算机主板插槽中，负责将用户要传递的数据转换为网络上其他设备能够识别的格式，通过网络介质传输。它的基本功能：从并行到串行的数据转换，包的装配和拆装，网络存取控制，数据缓存和网络信号。

网络适配器的主要作用：（1）它是主机与介质的桥梁设备。（2）实现主机与介质之间的电信号匹配。（3）提供数据缓冲能力。（4）控制数据传送的功能：网卡一方面负责接收网络上传过来的数据包，解包后，将数据通过总线传输给本地计算机；另一方面它将本地计算机上的数据打包后送入网络。

网卡工作在 OSI 的最后两层：物理层和数据链路层。物理层定义了数据传送与接收所需要的电与光信号、线路状态、时钟基准、数据编码和电路等，并向数据链路层设备提供标准接口。物理层的芯片称为 PHY。数据链路层则提供寻址机构、数据帧的构建、数据差错检查、传送控制、向网络层提供标准的数据接口等功能。以太网卡中数据链路层的芯片称为 MAC 控制器。很多网卡的这两个部分是做到一起的。它们之间的关系是 PCI 总线接 MAC 总线，MAC 接 PHY，PHY 接网线（当然也不是直接接上的，还有一个变压装置）。

13. 在检索之前先考虑清楚自己要找的是什么，并且把它用纸笔记下来（最好以一些问题的形式），这样一来，能明确自己信息需求的界限，不至于在后面的检索中迷失目标。

根据自己对检索主题的已知部分和需要检索部分的了解，可以从几种不同类型的网络检索工具开始。检索是以找到某个问题的精确答案为目标，还是希望通过检索扩展自己在某个领域的知识？检索的是一个非常特殊的主题，还是检索时会返回大量无关信息的宽泛主题？检索词是否存在同义、近义词？思考这些问题将有助于准确定位自己的检索起点。

对一些常见的信息需求和适合这些需求的检索工具进行总结：

（1）希望快速找到少量的精确匹配关键词的结果，类似于做填空题的信息需求。如已知歌词查歌名，查霍金的著作列表等。适合的工具：Google；All The Web；百度。

（2）感兴趣的是比较宽泛的学术性主题，希望从一些该领域的权威站点获得参考。适合的工具：Librarians' Index to Internet（http://lii.org/），被称为"思考者的 Yahoo"，比 Yahoo 的资源目录更适合学术性的检索，每周更新；Inromine（http://infomine.ucr.edu/Main.html），由图书馆员精选的网络资源目录，有非常全面的检索功能。

（3）大众化的或者商业性的主题适合的工具：Yahoo 在这方面无疑是最好的，只要是 Internet 上有一定知名度的主题，它都有收录。

（4）易混淆的主题词（如检索总统 Bush，但有灌木 bush 的干扰）或搜索引擎的停用词（如痞子蔡的新作 "to be or not to be"，里面全是搜索引擎停用词）。适合的工具：前者可用 Alta Vista 的高级检索功能（http://www.altavista.com/web/adv），全大写字母的单词专指人名；后者可用 Google 的词组检索（使用双引号）。

（5）不知道某个字（词）的读音、拼写或翻译，适合的工具：找本词典就可以了。网上也有 online 的词典，如词霸在线（http://www.iciba.net），yourdictionary（http://www. yourdictionary.com/）等。如果有两种写法不知道哪一个正确的话，也可以分别用它们在 Google 上检索，结果明显较多的那一个一般就是正确的。

（6）不知道检索从何入手，希望有个检索模板。适合的工具：AllTheWeb 和 AltaVista 的高级检索页面都提供了这样的模板，"依样画葫芦"即可。

（7）希望得到的检索结果不是简单的超链接的罗列，而是经过组织加工的，浏览起来更方便也更容易接受的信息。适合的工具：Vivisimo（http://vivisimo.com/），将检索结果自动聚类，并以类似 Windows 文件夹的方式按等级逐层排列；Altavista，支持 Focus Words 技术，每次检索之后会从结果中自动提取出几个最常见的关键词供用户参考，这样可以挑选这些关键词中的一个或几个，再在结果中二次检索，以缩小检索范围；Surf Wax（http://www.surfwax.com），采用 SiteSnap 技术，能猜测实际信息需求，将"最有希望"的检索结果单独提取出来。

（8）并没有非常明确的检索要求，希望在检索中扩展自己的思路，或者说想得到一些意外收获。适合的工具：Kartoo（http://www.kartoo.com），可视化检索的先驱，很有趣的元搜索引擎，将检索结果用地图的方式展现，能够直观地发现主题之间的联系；Web Brain（http://www.webbrain.com/html/default_win.html），另一个优秀的可视化的检索工具，使用 TheBrain 技术，类似于大不列颠百科全书电子版中的 Knowledge Navigation，以动画的形式展示知识体系的分类层次。

第8章

网页设计习题参考答案

1. 制作网站的流程包括：（1）建立站点文件夹；（2）创建本地站点；（3）新建文档；（4）修改网页标题并保存文档；（5）插入相应的网页元素，设置对应属性，制作网页；（6）创建超级链接；（7）保存文档，制作完成。

2. Dreamweaver8 的工作界面主要由标题栏、菜单栏、插入栏、工具栏、编辑区、状态栏、属性面板和各种面板构成。浮动面板中最常用的是对象面板和属性面板。如希望将某个浮动面板同其他的浮动面板组合成多个选项卡的形式，则可以拖曳该浮动面板的选项卡（可停靠浮动面板至少都带有一个选项卡，也即它本身），移动到目标浮动面板的窗口范围内，当目标窗口显示粗框时释放鼠标，单独的浮动面板就被组合成选项卡形式。要将某个以选项卡形式出现的浮动面板从组合中拆分出来，只要拖曳其选项卡，将之移动到可停靠浮动面板之外就可以了。

3. 快速选择表格的行和列，可以定位鼠标指针，使其指向行的左边缘或列的上边缘。当鼠标指针变成选择箭头时，单击以选择行或列，或进行拖曳以选择多个行或列。

拆分合并单元格的方式如下。

（1）按【Ctrl】键，选定要合并的单元格，所选单元格必须是连续的，并且形状必须为矩形。

（2）选择"修改→表格→合并单元格"菜单命令，或单击属性面板中的"合并单元格"按钮。

（3）同理选择"修改→表格→拆分单元格"菜单命令，或单击属性面板中的"拆分单元格"按钮拆分单元格。

4. 表单是一种结构化文件，用于收集用户信息，并将其提交到服务器，从而实现与用户的交互，如会员注册、留言簿、订单等。

5. 在 Dreamweaver 8 中，表单输入类型称为表单对象。可以通过选择"插入→表单对象"来插入表单对象，或通过"插入"面板来访问表单对象，向表单中插入各种表单元素。插入表单元素后，可以在"属性"面板中设置各个表单元素的属性。

6. 创建预定义的框架集有两种方法。

（1）通过插入条，可以创建框架集并在某一新框架中显示当前文档。

（2）通过"新建文档"对话框创建新的空框架集。当使用插入条应用框架集时，Dreamweaver 将自动设置该框架集，以便在某一框架中显示当前文档（插入点所在的文档）。预定义的图标的蓝色区域表示当前文档，而白色区域表示将显示其他文档的框架。

7. _blank：在新窗口中打开被链接文档。

_self：默认选项。在自身的框架或窗口内打开被链接文档，通常没有指定时就会被采用。

_parent：在本框架的上一层框架即父框架集中打开被链接文档。

_top：在整个浏览器窗口中打开被链接文档并因此取消所有框架。

Framename：框架名，新页面将在指定的框架中打开被链接文档。

单击"属性→目标"下拉框，在此下拉框中选择要打开框架的名称，链接的网页就会在这个网页中打开。

在"目标"下拉框中，除了有_blank、_self、_parent、_top 这 4 个选项外，还有新增的若干个框架名选项，选择哪个框架，链接的网页就会在相应的框架中打开。

8．略。

第9章
数据库基础习题参考答案

1. 数据库：存储在计算机内、有组织、可共享的数据集合，它将数据按一定的数据模型组织、描述和储存，具有较小的冗余度，较高的数据独立性和易扩展性，可被多个不同的用户共享。

数据库管理系统：专门用于管理数据库的计算机系统软件。数据库管理系统能够为数据库提供数据的定义、建立、维护、查询、统计等操作功能，并具有对数据的完整性、安全性进行控制的功能。

数据库系统：指带有数据库并利用数据库技术进行数据管理的计算机系统。

2. 按照规范设计的方法，同时考虑数据库及其应用系统开发的全过程，可以将数据库设计分为需求分析阶段（分析用户需求）、概念结构设计阶段（信息分析和定义）、逻辑结构设计阶段（设计实现）、物理结构设计阶段（物理数据库实现）、行为设计阶段、数据库实施阶段、数据库运行和维护阶段。

3. 需求分析阶段的任务：从数据库设计的角度看，需求分析阶段的主要任务是对现实世界要处理的对象（公司、部门、企业等）进行详细调查，在了解现行系统的概况、确定新系统功能的过程中，收集支持系统目标的基础数据及其处理方法。调查和分析用户的业务活动和数据的使用情况，弄清所用数据的种类、范围、数量以及它们在业务活动中交流的情况，确定用户对数据库系统的使用要求和各种约束条件等，综合各个用户的应用需求，形成用户需求规约，编写出系统分析报告（也称为需求规范说明书）。系统分析报告完成后，需要经过相关组织领导及技术专家的评审，审查通过后方可进行实施。

4. 数据库的逻辑结构设计：将现实世界的概念数据模型（E-R 图）设计成数据库的一种逻辑模式，即适应于某种特定数据库管理系统 DBMS 所支持的逻辑数据模式，如关系模型。然后根据用户处理的要求、安全性的考虑，在基本表的基础上再建立必要的视图（view），形成数据的外模式，即需要为各种数据处理应用领域产生相应的逻辑子模式。

5. 数据库物理结构设计阶段：利用数据库管理系统提供的方法、技术，以较优的存储结构、数据存取路径、合理地数据存储位置以及存储分配，设计出一个高效的、可实现的物理数据结构。由于不同的数据库管理系统提供的硬件环境和数据存储结构、存取方法不同，提供给数据库设计者的系统参数以及变化范围不同，因此，物理结构设计一般没有一个通用的准则，它只能提供一个技术和方法供参考，根据特定数据库管理系统所提供的多种存储结构和存取方法等依赖于具体计算机结构的各项物理设计措施，对具体的应用任务选定最合适的物理存储结构、存取方法和存取路径等。

6. 单选题

（1）A　（2）A　（3）C　（4）B　（5）A　（6）C　（7）D　（8）B　（9）A　（10）C

第10章
信息安全与职业道德习题参考答案

一、选择题

1. A   2. B   3. A   4. A   5. A

二、简答题

1. 信息安全是指保护信息和信息系统不被未经授权的访问、使用、泄露、中断、修改和破坏，为信息和信息系统提供保密性、完整性、可用性、可控性和不可否认性。

信息安全本身包括的范围很大。大到国家军事政治等机密安全，小到如防范商业企业机密泄露、防范青少年对不良信息的浏览、个人信息的泄露等。网络环境下的信息安全体系是保证信息安全的关键，包括计算机安全操作系统、各种安全协议、安全机制（数字签名、信息认证、数据加密等），直至安全系统，其中任何一个安全漏洞便可以威胁全局安全。信息安全服务至少应该包括支持信息网络安全服务的基本理论，以及基于新一代信息网络体系结构的网络安全服务体系结构。

2. 信息安全的基本属性主要表现在 5 个方面：可用性（availability）、可靠性（controllability）、完整性（integrity）、保密性（confidentiality）、不可否认性（non-repudiation），其含义如下。

可用性：保证信息及信息系统确实为授权使用者所用，防止由于计算机病毒或其他人为因素造成的系统拒绝服务或为敌手所用。

可靠性：对信息及信息系统实施安全监督管理。

完整性：防止信息被未经授权的人（实体）篡改，保证真实的信息从真实的信源无失真地到达真实的信宿。

保密性：保证信息不泄露给未经授权的人。

不可否认性：保证信息行为人不能否认自己的行为。

信息安全还有更多的一些属性也用于描述信息安全的不同的特性，如合法性、实用性、占有性、唯一性、生存性、稳定性、特殊性等。

3. ISO7498-2 标准确定了 5 大类安全服务：鉴别服务、访问控制服务、数据加密服务、数据完整性和禁止否认服务。

ISO7498-2 标准确定了 8 大类安全机制：加密机制、数字签名机制、数据完整性机制、鉴别交换机制、业务填充机制、认证机制、路由控制机制和公证机制。

4. 信息安全技术是一门综合的学科，它涉及信息论、计算机科学和密码学等多方面知识，它的主要任务是研究计算机系统和通信网络内信息的保护方法，以实现系统内信息的安全、保密、真实和完整。其中，信息安全的核心是密码技术。

随着计算机网络不断渗透到各个领域，密码学的应用也随之扩大。数字签名、身份鉴别等都是由密码学派生出来的新技术和应用。

5. 密码体制从原理上可分为单钥密码体制和双钥密码体制这两大类。

单钥密码算法，又称对称密码算法，是指加密密钥和解密密钥为同一密钥的密码算法。因此，信息的发送者和信息的接收者在进行信息的传输与处理时，必须共同持有该密码（称为对称密码）。在对称密钥密码算法中，加密运算与解密运算使用同样的密钥。通常，使用的加密算法比较简便高效，密钥简短，破译极其困难。由于系统的保密性主要取决于密钥的安全性，所以，在公开的计算机网络上安全地传送和保管密钥是一个严峻的问题。最典型的是 DES（Data Encryption Standard）算法。

双钥密码算法，又称公钥密码算法，是指加密密钥和解密密钥为两个不同密钥的密码算法。公钥密码算法不同于单钥密码算法，它使用了一对密钥：一个用于加密信息，另一个则用于解密信息，通信双方无需事先交换密钥就可进行保密通信。其中加密密钥不同于解密密钥，加密密钥公之于众，谁都可以用；解密密钥只有解密人自己知道。这两个密钥之间存在着相互依存关系：即用其中任一个密钥加密的信息只能用另一个密钥进行解密。若以公钥作为加密密钥，以用户专用密钥（私钥）作为解密密钥，则可实现多个用户加密的信息只能由一个用户解读；反之，以用户私钥作为加密密钥而以公钥作为解密密钥，则可实现由一个用户加密的信息而多个用户解读。前者可用于数字加密，后者可用于数字签名。

6. 实现数字签名有很多方法，目前数字签名采用较多的是公钥加密技术。

（1）用非对称加密算法进行数字签名 RSA。RSA 同时有两把钥匙——公钥与私钥，分别用于对数据的加密和解密，即如果用公开密钥对数据进行加密，只有对应的私有密钥才能进行解密；如果用私有密钥对数据进行加密，则只有对应的公钥才能解密。同时支持数字签名。数字签名的意义在于，对传输过来的数据进行校验。确保数据在传输工程中不被修改。

（2）用对称加密算法进行数字签名。对称加密算法是应用较早的加密算法，技术成熟。在对称加密算法中，数据发信方将明文（原始数据）和加密密钥一起经过特殊加密算法处理后，使其变成复杂的加密密文发送出去。收信方收到密文后，若想解读原文，则需要使用加密用过的密钥及相同算法的逆算法对密文进行解密，才能使其恢复成可读明文。在对称加密算法中，使用的密钥只有一个，发收信双方都使用这个密钥对数据进行加密和解密，这就要求解密方事先必须知道加密密钥。

7. 访问控制是网络安全防范和保护的主要策略，它的主要任务是保证网络资源不被非法使用和访问。它是保证网络安全最重要的核心策略之一。访问控制涉及的技术也比较广，包括入网访问控制、网络权限控制、目录级控制以及属性安全控制等多种手段。

（1）入网访问控制。入网访问控制为网络访问提供了第一层访问控制。它控制哪些用户能够登录到服务器并获取网络资源，控制准许用户入网的时间和准许他们在哪台工作站入网。

（2）网络权限控制。网络权限控制是针对网络非法操作所提出的一种安全保护措施。用户和用户组被赋予一定的权限。网络控制用户和用户组可以访问哪些目录、子目录、文件和其他资源，可以指定用户对这些文件、目录、设备能够执行哪些操作。

（3）目录级安全控制。网络应允许控制用户对目录、文件、设备的访问。用户在目录一级指定的权限对所有文件和子目录有效，用户还可进一步指定对目录下的子目录和文件的权限。对目录和文件的访问权限一般有 8 种：系统管理员权限、读权限、写权限、创建权限、删除权限、修改权限、文件查找权限、访问控制权限。

（4）属性安全控制。当用文件、目录和网络设备时，网络系统管理员应给文件、目录等指定访问属性。属性安全在权限安全的基础上提供更进一步的安全性。网络上的资源都应预先标出一组安全属性。

（5）服务器安全控制。网络允许在服务器控制台上执行一系列操作。用户使用控制台可以装载和卸载模块，可以安装和删除软件等操作。网络服务器的安全控制包括可以设置口令锁定服务器控制台，以防止非法用户修改、删除重要信息或破坏数据；可以设定服务器登录时间限制、非法访问者检测和关闭的时间间隔。

8. 防火墙技术虽然出现了很多，但总体来说可分为以下两种。

（1）分组过滤型防火墙

分组过滤或包过滤，是一种通用、廉价、有效的安全手段。包过滤在网络层和传输层起作用。它根据分组包的源、宿地址，端口号及协议类型、标志确定是否允许分组包通过。所根据的信息来源于 IP、TCP 或 UDP 包头。只有满足过滤条件的数据包才被转发到相应的目的地，其余数据包则从数据流中丢弃。包过滤的优点是不用改动客户机和主机上的应用程序，因为它工作在网络层和传输层，与应用层无关。但其弱点也是明显的：据以过滤判别的只有网络层和传输层的有限信息，因而各种安全要求不可能充分满足；在许多过滤器中，过滤规则的数目是有限制的，且随着规则数目的增加，性能会受到很大的影响；由于缺少上下文关联信息，不能有效地过滤如 UDP、RPC 一类的协议；另外，大多数过滤器中缺少审计和报警机制，且管理方式和用户界面较差；对安全管理人员素质要求高，建立安全规则时，必须对协议本身及其在不同应用程序中的作用有较深入的理解。因此，过滤器通常和应用网关配合使用，共同组成防火墙系统。

（2）应用代理型防火墙

应用代理型防火墙是内部网与外部网的隔离点，起着监视和隔绝应用层通信流的作用。它工作在 OSI 模型的最高层，即应用层。其特点是完全"阻隔"了网络通信流，通过对每种应用服务编制专门的代理程序，实现监视和控制应用层通信流的作用。

由于对更高安全性的要求，常把基于包过滤的方法与基于应用代理的方法结合起来，形成复合型防火墙产品。

9. 计算机病毒（Computer Virus）是一个程序，一段可执行码。就像生物病毒一样，计算机病毒有独特的复制能力。计算机病毒可以很快地蔓延，又常常难以根除。它们能把自身附着在各种类型的文件上。当文件被复制或从一个用户传送到另一个用户时，它们就随同文件一起蔓延开来。

除复制能力外，某些计算机病毒还有其他一些共同特性：一个被污染的程序能够传送病毒载体。当你看到病毒载体似乎仅仅表现在文字和图像上时，它们可能已毁坏了文件、再格式化了你的硬盘驱动或引发了其他类型的灾害。若是病毒并不寄生于一个污染程序，它仍然能通过占据存储空间给你带来麻烦，并降低你的计算机的全部性能。

所以，计算机病毒就是能够通过某种途径潜伏在计算机存储介质（或程序）里，能够自我复制，当达到某种条件时即被激活的具有对计算机资源进行破坏作用的一组程序或指令集合。它具有破坏性、复制性和传染性。

10. 计算机病毒具有以下 7 个特点。

（1）寄生性。计算机病毒寄生在其他程序之中，当执行这个程序时，病毒就起破坏作用，而在未启动这个程序之前，它是不易被人发觉的。

（2）传染性。计算机病毒不但本身具有破坏性，更有害的是具有传染性，一旦病毒被复制或产生变种，其速度之快令人难以预防。

（3）潜伏性。有些病毒像定时炸弹一样，让它什么时间发作是预先设计好的。如黑色星期五病毒，不到预定时间一点都觉察不出来，等到条件具备的时候一下子就爆炸开来，对系统进行破坏。

（4）隐蔽性。计算机病毒具有很强的隐蔽性，有的可以通过病毒软件检查出来，有的根本就查不出来，有的时隐时现、变化无常，这类病毒处理起来通常很困难。

（5）破坏性。计算机中毒后，可能会导致正常的程序无法运行，把计算机内的文件删除或使其受到不同程度的损坏。

（6）可触发性。计算机病毒绝大部分会设定发作条件。这个条件可以是某个日期、键盘的点击次数或是某个文件的调用。

（7）非授权可执行性。病毒都是先获取了系统的操控权，在没有得到用户许可的时候就运行，开始了破坏行动。

11. 检测病毒方法有：特征代码法、校验和法、行为监测法、软件模拟法，这些方法依据的原理不同，实现时所需开销不同，检测范围不同，各有所长。

（1）特征代码法。特征代码法是使用最为普遍的病毒检测方法，国外专家认为特征代码法是检测已知病毒的最简单、开销最小的方法。

（2）校验和法。将正常文件的内容，计算其校验和，写入文件中保存。定期检查文件的校验和与原来保存的校验和是否一致，可以发现文件是否感染病毒，这种方法叫校验和法，它既可发现已知病毒又可发现未知病毒。

（3）行为监测法。利用病毒的特有行为特征性来监测病毒的方法，称为行为监测法。通过对病毒多年的观察、研究，有一些行为是病毒的共同行为，而且比较特殊。当程序运行时，监视其行为，如果发现了病毒行为，立即报警。

（4）软件模拟法。以后演绎为虚拟机查毒，启发式查毒技术，是相对成熟的技术。

12. 知识产权是指公民、法人或者其他组织在科学技术方面或文化艺术方面，对创造性的劳动所完成的智力成果依法享有的专有权利。这个定义包括以下 3 层意思。

（1）知识产权的客体是人的智力成果，属于一种无形财产或无体财产。

（2）权利主体对智力成果为独占的、排他的利用。

（3）权利人从知识产权取得的利益既有经济性质的，也有非经济性的。这两方面结合在一起，不可分。因此，知识产权既与人格权亲属权（其利益主要是非经济的）不同，也与财产权（其利益主要是经济的）不同。

知识产权的特点主要有 5 个：一是一种无形资产；二是具备时间性的特点；三是具备地域性的特点；四是知识产权的获得必须经过法定的程序，即必须由法律来确认，对于知识成果的支配权的种类由法律来规定，以及知识产权所有人在行使支配权时必须依靠法律的保护；五是知识产权是一种专有性的民事权利，即对于知识产权的权利人来说，对知识成果依法享有独占、排他的权利，未经其同意，任何人不能享有或使用该项权利；对于同一项知识成果，不允许有两个以上的知识产权并存。

13.（1）发表权，即决定软件是否公之于众的权利。

（2）署名权，即表明开发者身份，在软件上署名的权利。

（3）修改权，即对软件进行增补、删节，或者改变指令、语句顺序的权利。

（4）复制权，即将软件制作一份或者多份的权利。

（5）发行权，即以出售或者赠与方式向公众提供软件的原件或者复制件的权利。

（6）出租权，即有偿许可他人临时使用软件的权利，但是软件不是出租的主要标的的除外。

（7）信息网络传播权，即以有线或者无线方式向公众提供软件，使公众可以在其个人选定的时间和地点获得软件的权利。

（8）翻译权，即将原软件从一种自然语言文字转换成另一种自然语言文字的权利。

（9）应当由软件著作权人享有的其他权利。

（10）软件著作权人可以许可他人行使其软件著作权，并有权获得报酬。

（11）软件著作权人可以全部或者部分转让其软件著作权，并有权获得报酬。

14.（1）不应使用计算机危害他人。

（2）不应干涉他人的计算机工作。

（3）不应窥探他人的计算机文件。

（4）不应使用计算机进行盗窃活动。

（5）不应使用计算机作伪证。

（6）不应拷贝或使用没有付费的版权所有软件。

（7）不应在未经授权或在没有适当补偿的情况下使用他人的计算机资源。

（8）不应挪用他人的智力成果。

（9）应该注意你编写的程序或设计的系统所造成的社会后果。

（10）使用计算机时应该总是考虑到他人并尊重他们。

第11章
计算机新技术简介习题参考答案

1. 云计算目前还没有一个统一的定义。参考比较多的是美国国家标准与技术研究院（NIST）定义，即云计算是一种按使用量付费的模式，这种模式提供可用的、便捷的、按需的网络访问，进入可配置的计算资源共享池（资源包括网络、服务器、存储、应用软件、服务），这些资源能够被快速提供，只需投入很少的管理工作，或与服务供应商进行很少的交互。

2. 大数据（Big Data），或称巨量资料，指的是所涉及的资料量规模巨大到无法透过目前主流软件工具，在合理时间内达到撷取、管理、处理、并整理成为帮助企业经营决策更积极目的的资讯。它是需要新处理模式才能具有更强的决策力、洞察发现力和流程优化能力的海量、高增长率和多样化的信息资产。

其作用主要有3点：变革价值的力量、变革经济的力量和变革组织的力量。

3. 人工智能的应用主要有：管理系统中的应用、工程领域中应用、技术研究中应用和智能控制。

4. 物联网是指通过各种信息传感设备，实时采集任何需要监控、连接、互动的物体或过程等各种需要的信息，与互联网结合形成的一个巨大网络。它利用局部网络或互联网等通信技术把传感器、控制器、机器、人员和物等通过新的方式联在一起，形成人与物、物与物相联，实现信息化、远程管理控制和智能化的网络。

物联网是各种感知技术的广泛应用，它是一种建立在互联网上的泛在网络。物联网不仅仅提供了传感器的连接，其本身也具有智能处理的能力，能够对物体实施智能控制。其精神实质是提供不拘泥于任何场合、任何时间的应用场景与用户的自由互动，它依托云服务平台和互通互联的嵌入式处理软件，弱化了技术色彩，强化了与用户之间的良性互动，具有更佳的用户体验，更及时的数据采集和分析建议，更自如的工作和生活，是通往智能生活的物理支撑。

物联网的用途广泛，遍及智能交通、环境保护、政府工作、公共安全、平安家居、智能消防、工业监测、环境监测、路灯照明管控、景观照明管控、楼宇照明管控、广场照明管控、老人护理、个人健康、花卉栽培、水系监测、食品溯源、敌情侦查和情报搜集等多个领域。

5. 移动互联网的含义指互联网的技术、平台、商业模式和应用与移动通信技术结合并实践的活动的总称。它是一种通过智能移动终端，采用移动无线通信方式获取业务和服务的新兴业务。

6. 4G的优点有：通信速度快、通信灵活、智能性能高、兼容性好、通信质量高以及费用便宜等。